EDITORA AFILIADA

EDUCAÇÃO E COMUNICAÇÃO
O ideal de inclusão pelas tecnologias de informação
Otimismo exacerbado e lucidez pedagógica

Coordenador Editorial de Educação:
Valdemar Sguissardi

Conselho Editorial de Educação:
José Cerchi Fusari
Marcos Antonio Lorieri
Marcos Cezar de Freitas
Marli André
Pedro Goergen
Terezinha Azerêdo Rios
Vitor Henrique Paro

Dados Internacionais de Catalogação na Publicação (CIP)
(Câmara Brasileira do Livro, SP, Brasil)

Soares, Suely Galli
   Educação e comunicação : o ideal de inclusão pelas tecnologias de informação : otimismo exarcebado e lucidez pedagógica / Suely Galli Soares. — São Paulo : Cortez, 2006.

   Bibliografia.
   ISBN 85-249-1209-X

   1. Comunicação 2. Educação 3. Integração social 4. Internet (Rede de computadores) 5. Tecnologia da informação 6. Tercerio setor I. Título.

06-2508   CDD-306.43

Índices para catálogo sistemático:

1. Educação e comunicação : Sociologia educacional   306.43

Suely Galli Soares

EDUCAÇÃO E COMUNICAÇÃO
O ideal de inclusão pelas tecnologias de informação
Otimismo exacerbado e lucidez pedagógica

CORTEZ EDITORA

EDUCAÇÃO E COMUNICAÇÃO. O ideal de inclusão pelas tecnologias de informação. Otimismo exacerbado e lucidez pedagógica
Suely Galli Soares

Capa: SeiZo Vinicius Soares
Preparação de originais: Jaci Dantas
Revisão: Maria de Lourdes de Almeida
Composição: Dany Editora Ltda.
Coordenação editorial: Danilo A. Q. Morales

Nenhuma parte desta obra pode ser reproduzida ou duplicada sem autorização expressa do autor e do editor.

© 2006 by autora

Direitos para esta edição
CORTEZ EDITORA
Rua Bartira, 317 — Perdizes
05009-000 — São Paulo-SP
Tel.: (11) 3864-0111   Fax: (11) 3864-4290
E-mail: cortez@cortezeditora.com.br
www.cortezeditora.com.br

Impresso no Brasil — abril de 2006

Todo fenômeno cultural, social ou político, é histórico e não pode ser compreendido senão através da e na sua historicidade.

Löwy

Dedico este trabalho aos que se completam na leitura, aguçando os sentidos, retomando e dando-lhe sentidos novos a cada leitura e aos que escrevem os livros tomados pela paixão e vontade de comunicar idéias ou saberes que ampliam o universo dos amantes que se completam na leitura.

Ao Enrico (meu segundo neto) para que seja amante dos livros e um leitor imersivo crítico.

Agradecimentos

Ao Programa de Pós-Doutorado da Faculdade de Educação da UNICAMP, em especial à Maria da Glória Marcondes Gohn, dedicada e comprometida com a produção de conhecimento a partir dos movimentos sociais.

À PUC-Campinas, Coordenadoria de Ensino à Distância, ao GPqTAE, Grupo de Pesquisa de Tecnologias de Apoio ao Ensino, e à Faculdade de Educação, que acolhem nossos ensaios e projetos na docência superior.

Ao artista plástico e pesquisador Seizo Vinicius, meu filho mais velho, pelas imagens sobre conexões cedidas.

À Metrocamp, que oportunizou a análise da prática curricular inovadora, introduzindo a informática educativa nos cursos de formação do educador.

Ao Engenheiro Eletricista, profissional desterritorializado de telecomunicação, Suênio Rodrigo Soares, meu filho caçula, pela gentileza e paciência em ouvir e esclarecer conceitos que flutuam entre o caráter tecnológico e o pedagógico. À Suelen Antonella, grande amiga e filha do meio que, determinada a ser mãe, nos deu Enrico.

A todos que direta e indiretamente povoaram meus solilóquios de autocrítica na busca pela lucidez que afugenta otimismos descolados da realidade.

Sumário

Lista de siglas 11

Identidade: nitidez e legibilidade, comunicação e educação 13

Introdução 21

CAPÍTULO I □ Educação, comunicação e democratização de
    saberes 25
    Saber e emancipação social 29
    Construção de conhecimento: vias de acesso 37
    Motivações para a EAD 42
    Globalização da comunicação e *web* 49
    Web como campo de pesquisa: problematização 51
    Conceitos-referência das análises 54
    Terceiro Setor contextualizado e problematizado 58
    Informação e comunicação nas malhas do ciberespaço 60
    Sobre educação, sociedade e tecnologia 65
    Ensino à distância, Terceiro Setor e a luta por reconhecimento
        social 70

CAPÍTULO II □ Reconhecimento: o arcabouço da integração social . 74
    Educação e Aprendizagens: as relações de amor, direito e
        estima 79
    Educação, cidadania: reconhecimento? 84
    Para a cultura da informática nas escolas 86

Ciberespaço, Cidadania Digital e o Caráter Pedagógico da
   Internet 89
Sociedade digital e distanciamentos sociais: o prolongado
   toque da tecla "enter" 92
A busca histórica pela cidadania 95

CAPÍTULO III ☐ Internet e inclusão: otimismos exacerbados e
   lucidez pedagógica 99
Políticas do MEC 102
Prática pedagógica e formação do professor 104
Sistemas de comunicação e educação 110
Ação à distância de quê, de quem, de onde? 116
Ferramental tecnológico e construção de aprendizagens 122
O currículo oculto da Internet 125
Gestão da Comunicação: uma análise pedagógica 129
Leitores e Leitura: transformações da experiência 132

CAPÍTULO IV ☐ Práticas educativas e o Terceiro Setor: entre o
   proclamado e o factível da comunicação no ciberespaço 137
Introdução 137
Pesquisa, tempo e lugar: mobilidades da fonte 138
Navegação, checagens e organização dos dados 140
Os dados e as primeiras análises 142
Ensino, público-alvo, tecnologias: entre o propagado e o
   factível 144

Conclusões 148

Referências Bibliográficas 153

Lista de Siglas

ABED — Associação Brasileira de Educação a Distância
ABONG — Associação Brasileira de Organizações Não-Governamentais
CDI — Comitê para Democratização da Informática
CEFAMs — Centros Educacionais de Formação para o Magistério
CIEDs — Centros de Informática Educacional
CNH — Carteira Nacional de Habilitação
CONSED — Conselho Nacional de Secretários de Educação
CUT — Central Única dos Trabalhadores
EAD — Ensino à Distância
EJA — Educação de Jovens e Adultos
FAT — Fundo de Amparo ao Trabalhador
FGV — Fundação Getúlio Vargas
GEMDEC — Grupo de Estudos de Movimentos Sociais, Educação e Cidadania
GIFE — Grupo de Institutos, Fundações e Empresas
GPqTAE — Grupo de Pesquisa de Tecnologia de Apoio ao Ensino
IBGE — Instituto Brasileiro de Geografia e Estatística
IBM — International Busines Machines
IHC — Interação Humano Computador
IQE — Instituto de Qualidade no Ensino
LOGO — Linguagem desenvolvida para computadores
MEC — Ministério de Educação e Cultura
NIED — Núcleo de Informática aplicada à Educação da UNICAMP-SP

OEA — Organização dos Estados Americanos
ONGs — Organizações Não-Governamentais
PCNs — Parâmetros Curriculares Nacionais
PROFAE — Programa de Profissionalização do Auxiliar de Enfermagem do Ministério da Saúde
PROINFO — Programa Nacional de Informática na Educação
PRONINFE — Programa Nacional na Educação
PUC — Pontifícia Universidade Católica
RITS — Rede de Informações para o Terceiro Setor
SEFOR — Secretaria de Formação do Ministério do Trabalho
TelEduc, ambiente educacional (NIED)
UNESCO — Organização das Nações Unidas para Educação, Ciência e Cultura
UNICAMP — Universidade Estadual de Campinas
UNICEF — The United Nations Children's Fund
UNITRABALHO — Fundação Universitária de Pesquisa do Mundo do Trabalho

Identidade: nitidez e legibilidade, comunicação e educação

A imagem de rostos, recortados da multidão, desfocada nas expressões dos personagens pode causar diferentes impactos. Se o expectador for um fotógrafo, sensível e ocupado com as lentes, com o melhor ângulo, foco, iluminação e definição da imagem, ele a adjetivará como de má resolução e qualidade visual; se for um impressor gráfico irá sugerir a substituição por outra imagem de melhor resolução e qualidade visual. No nosso caso, ao escolher essa imagem desfocada temos uma clara intenção: a de relacionar a falta de definição na imagem das pessoas com a falta de uma alfabetização letrada capaz de promover a cidadania como identidade bem definida e visível nos indivíduos. Ilustrar o tema desse livro com a imagem acima assume caráter de denúncia da falta de nitidez e legibilidade na identidade de uma parcela significativa da população brasileira deste início de século XXI.

Por nitidez entendemos alta definição de traços e formas e legibilidade, por resultado da nitidez, da forma, dos traços e das singularidades. Por identidade entendemos o *conjunto de características e circunstâncias que distinguem uma pessoa ou uma coisa e graças às quais é possível individualizá-la*.[1] Esse conjunto de características e circunstâncias, que perfaz a constituição do ser, de forma livre e natural sem interferências e condicionamentos impostos, pode também retratar conforme Soares (2001) a síntese do ser, resultante das experiências sociais e individuais de aprendizagem que tem início, de forma sistemática, na educação infantil, prolongando-se pela juventude e consolidando-se na vida adulta. *É resultado de um processo no qual o respeito pelas manifestações naturais, a permissão para sua consolidação, incentivo ao desenvolvimento aprimorado e original se efetiva* (p. 18). Essa consolidação depende ainda da disponibilização coletiva, democrática e contextualizada, dos mecanismos potencializadores das manifestações naturais do indivíduo, tornando-a pessoa de seu tempo. Esse processo encontra eco no reconhecimento social, conceito intimamente ligado à identidade e cidadania, ligadas às experiências de aprendizagem, estas por sua vez, depende das oportunidades de acesso aos saberes sociais significantes.

Essa reflexão nos reporta à luta pela busca de identidade por meio do currículo educacional, entendido como autobiografia das experiências de aprendizagens que forjam nossa identidade. Silva retratou de forma política e pedagógica que as *teorias pós-críticas da educação olham com desconfiança para os conceitos de alienação, emancipação, libertação e autonomia, que supõem, todos, uma essência subjetiva que foi alterada e que precisa ser restaurada* (Silva, 1999: 149). Para o autor, o questionamento sobre que conheci-

---

1. Dicionário Houaiss da Língua Portuguesa.

mentos devem ser apreendidos ou não, é respondido através de um processo de invenção social sobre certos valores que acabam sendo prioritários em relação a outros. No entanto, para a compreensão desse fenômeno, é necessária a análise sobre as relações de poder nos quais o currículo desempenha importante função.

A difusão das tecnologias de informação e comunicação em multimeios, muito mais que representar um conjunto de mudanças nas relações sociais e produtivas, invadiu as vidas e rotinas das pessoas, tornando-se uma linguagem operacional para interação com o mundo, os fatos, informações e dados, instalando um novo paradigma de integração social a partir do acesso e uso consciente e crítico do ferramental disponível. A busca de definição ou de legibilidade para a identidade individual e coletiva neste início do século XXI passa também pelo letramento digital, conceito que vem juntar-se ao alfabetismo, formação continuada, flexibilização da aprendizagem, visão de planeta e de humanidade, entre outros. A comunicação é o elemento responsável pela interlocução entre o novo paradigma de integração social do sujeito em seu processo de identidade e a dinâmica do desenvolvimento científico e tecnológico.

O elo entre educação e comunicação se materializa ao questionar não apenas o compromisso político-pedagógico da mensagem, forma e conteúdo e intenção explícita de comunicar. Mas, também ao questionar o potencial dos ambientes criados a partir de tecnologias educacionais informatizadas em sua capacidade de promover a integração e a participação democrática de todos os indivíduos aos benefícios que produzem.

Educação e Comunicação é uma reflexão feita de perguntas nascidas de nossas experiências de educadora durante o percurso iniciado na educação infantil desembocado nos cursos de pós-graduação. Partilhamos grande parte delas no livro *Arquitetura da Identidade, sobre educação, ensino e aprendizagem* (2001) e também no livro *Educação e Integração Social* (2003). É fruto de uma relação vivida nos percalços deflagrados com o pós-doutorado diante da comunicação e informação de dados na *web*, campo de nossa pesquisa sobre o potencial de inclusão e cidadania das práticas declaradas pelo Terceiro Setor no Brasil, em nome da educação oferecida à distância, aos que dela pudessem se beneficiar socialmente.

O trânsito, leitura e coleta de dados neste universo de tecnologias de informação e comunicação, livre de regras e de censuras, deu-nos a experiência de relacionar a prática de pesquisa em Ciências Sociais, pautada na problematização, seleção e coleta de dados de uma determinada realidade e fenômeno, o campo de pesquisa, os sujeitos do processo, a metodologia etc., com esta mesma prática e rotina, mudando apenas a fonte dos dados, ou seja, os *sites* alocados no universo do ciberespaço. Foi quando os percalços se postaram à frente e por todos os lados de nossa rota, semelhante a uma teia ou rede, se objetivando numa inquietação instigante da relação educação e comunicação. Uma relação que incorpora experiências do currículo tradicional fragmentado e limitado à transmissão do conhecimento na forma como a escola decidiu transmitir e a necessidade contextualizada de novos componentes curriculares para novas identidades potencializadas na sua capacidade de comunicação e integração social e, sobretudo, de uma identidade letrada que se mostra legível e bem definida. No entanto, o que vimos em nossa pesquisa indica muito mais a exclusão dessa condição. Uma exclusão endereçada desde sua origem — o ambiente tecnológico utilizado como recurso de inclusão social — e as formas de comunicação que utiliza para atingir seu alvo e objetivos.

Nesta condição, experimentamos colocar-nos como quem busca, na Internet, a oferta de um serviço educacional capaz de elevar as condições sociais e profissionais, por meio de cursos gratuitos de atualização de conhecimentos ou informações sobre como buscá-los. Foi com esse sentido que embarcamos na nave, tendo, como mapa, o Terceiro Setor e as ONGs — Organizações Não-Governamentais, como bússola, nossos objetivos, como rota, os *sites* hipertextos e, como porto de chegada, as práticas de inclusão social.

A dependência total da comunicação da informação na *web* nos aguçou os sentidos de educadora, pedagoga, alfabetizadora e, sobretudo, comunicadora de ensino, em cada visita ao campo, leitura dos dados, checagem de informações e registros, cruciais para nossa pesquisa, numa nova experiência e postura leitora.

Diante do texto dinâmico, labiríntico, experimentamos relacionar tal condição e ritmo com aquele imposto pela sociedade em permanente e intermitente movimento, nos dando a sensação de mobilidade e inconstância, incertezas e inseguranças em relação ao novo, colocando-nos em ambientes que prometem aventura ao mesmo tempo em que ameaçam o que temos, sabemos e somos. Uma constatação de incertezas sobre a consistência do novo que se nos mostra a cada acesso aos meios de comunicação eletrônicos hipertextuais, sobretudo ao compararmos o livro estático que guarda conteúdos perenes, e o livro digital, de conteúdos virtuais móveis. Lembrando Saramago:

> Felizmente existem os livros. Podemos esquecê-los numa prateleira ou num baú, deixá-los entregues ao pó e às traças, abandoná-los na escuridão das caves, podemos não lhes pôr os olhos em cima, nem tocar-lhes durante anos e anos, mas eles não se importam, esperam tranqüilamente, fechados sobre si mesmos para que nada do que têm dentro se perca, o momento que sempre chega, aquele dia em que nos perguntamos, Onde estará aquele livro que ensinava a cozer os barros, e o livro, finalmente convocado, aparece... (Saramago, 2000: 187)

Hoje sofremos a diferença e a defasagem entre o ritmo de leitura no texto estático e da comunicação literária ou jornalística, habitualmente recorrida por nós, no gesto comum de quem começa a ler um livro e o abandona para comer uma maçã, tomar um copo de água ou ler um outro folhetim, e retomá-lo sem nenhum receio de não poder fazê-lo com os mesmos objetivos, a menos que desista da idéia. Como assinala Saramago, ele estará sempre lá, sobre a mesa, na estante ou armário e basta reabri-lo e voltar ao capítulo ou parágrafo e continuar a leitura. Nada terá mudado. O texto mantém-se naquela mesma linguagem, idéias e roteiro, sem novas inserções de imagens, janelas, ou novas distrações inseridas em sua ausência. O contrário disso é supor que a leitura que vinha fazendo, ao ser interrompida, sofresse uma nova forma de comunicar o conteúdo, como se uma intervenção alterasse seu ritmo e então fosse necessária uma readaptação do leitor ao novo texto. Mas, ao prosseguir na leitura, outra novidade e novamente a readaptação. Como se isso não bastasse, se o leitor resolvesse enveredar-se por uma das sugestões de novos acessos dentro do texto, se depararia com outro cenário e outras linguagens. A leitura estaria em risco de perder o sentido e até mesmo os objetivos que o conduziram ali. O livro teria se modificado na interrupção que fez de sua leitura, no tempo que ficou esquecido.

Sabemos que isso parece uma alegoria do imaginário, mas na verdade trata-se de impressões que podem ser causadas nas pessoas que optam por buscar, no campo virtual, a fonte de dados para as pesquisas acadêmicas, sistemáticas e de rigor científico reconhecidas social e culturalmente.

Essa experiência ultrapassou os objetivos da produção de conhecimento do pós-doutorado, na qual identificamos o potencial de inclusão social e de cidadania, declarado pelas Organizações Não-Governamentais na *web*, instaurando uma nova dúvida advinda da leitura e de contato com o campo pesquisado. Um novo objeto se mostrou embrenhado na nossa investigação, qual seja: a tecnologia de informação e comunicação e com ela a suspeita sobre seu caráter formativo de sujeitos autônomos e seletivos, em relação às fontes de informações e formas de comunicá-las na *web*.

Com a crença no princípio de que todos têm direito humano básico à comunicação, portanto, garantias de acesso igual, apelamos para uma educação e democratização dos saberes férteis de elementos de integração na sociedade informatizada.

Em alguns momentos, esse fenômeno, educação e comunicação, roubou a importância da pesquisa, ganhou objetivos próprios e exigiu leituras específicas para fundamentá-lo. No entanto, não poderíamos negar que sua origem foi nutrida na verificação do ciberespaço como campo de pesquisa, tendo como sujeito o Terceiro Setor nele presente com suas Organizações Não-Governamentais e Governamentais, e como dados a serem coletados e analisados, as práticas sociais em nome da inclusão e da cidadania por meio de educação a distância.

Um outro paradigma que influenciou o tema deste livro foi o da inclusão social como ideal do Terceiro Setor, viabilizada pela educação a distância e mecanismos da Internet. Porém, independente do ideal do Terceiro Setor a propagação de práticas sociais e outros serviços inovadores dos processos e das rotinas das pessoas nesse ambiente facilitador de serviços bancários, informações de cadastros da receita federal, identificação de endereços e contatos, classificados, noticiário eletrônico, agendas culturais locais, nacionais e internacionais, agilização da comunicação, entre outros, assume um caráter de democratização da informação, propagada sob um certo otimismo que escamoteia uma realidade de exclusão da população que compreende a maioria que corresponde a nova questão social. Esse otimismo que adjetivamos de exacerbado é destacado em contraponto com a necessidade do que chamamos de lucidez pedagógica, ou seja, o discernimento de uma comunicação de caráter emancipador porque intencionalmente voltado para a integração social democrática. Aquela que dá contornos legíveis à identidade, que deixa transparecer a cidadania sem o discurso da conquista, mas com atitudes reveladoras do direito concedido, da experiência democratizada.

A lucidez pedagógica, como predisposição na gestão da tecnologia de informação e comunicação potencializa a leitura crítica, protegida do otimismo que desvia os sentidos da realidade, propaga e festeja o acesso, como se ele se desse indiscriminadamente.

A constatação de demandas por uma informática educativa que considere o caráter pedagógico do ferramental tecnológico, recai sobre a leitura e formação de cidadãos leitores que ultrapasse a compreensão do texto estático para uma nova experiência de leitura compreendida como imersiva, e movente,[2] cuja sensibilidade física e mental, baseada em ações de decodificação de sinais e textos, inclui tomada de decisão, pelo leitor, sobre o percurso da leitura e fixação nos objetivos que o levam a ela.

A lucidez pedagógica chama a atenção para a interdisciplinarização das tecnologias de informação e comunicação numa disseminação do caráter didático do ferramental, como meio de elevação das relações ensino e pesquisa educacionais, autonomia nos processos de estudos e de produção de conhecimento multidisciplinar.

Enquanto programadores de softwares estiverem trabalhando isoladamente; enquanto pedagogos estiverem sozinhos diante da escolha do melhor ferramental para a didática, o ensino e aprendizagem; enquanto professores desconhecerem o potencial das tecnologias de informação e

---

2. Conceito desenvolvido por Lucia Santaella (2004) em seus estudos sobre o ciberespaço e a experiência do leitor, constante de nossas referências bibliográficas.

comunicação para o seu trabalho, definindo demandas de ferramentas didáticas e do repertório digital pedagógico existente; enquanto psicopedagogos estiverem decidindo se o seu campo de atuação é a escola ou a clínica, dicotomizando a aprendizagem entre os conceitos de distúrbio e dificuldade, limitando a compreensão do fenômeno ao conceito em lugar de tratá-lo; enquanto os *web designers* estiverem projetando sozinhos a estética e os conceitos de comunicação visual; enquanto os gestores de *sites* na *web* estiverem preocupados apenas com a eficiência da ferramenta e do ambiente utilizado; enquanto os especialistas do currículo não reconhecerem a necessidade da experiência multidisciplinar da aprendizagem, apoiada pelas tecnologias de informação e comunicação equilibradas entre os pilares do otimismo pelas inovações e da lucidez pedagógica para a integração social plena, essa leitura sobre educação e comunicação terá que ser retomada e ampliada antes de ser esquecida sobre a mesa das discussões sobre a inclusão, reconhecimento social e soberania.

Introdução

A existência de um paradigma educacional emergente, que se desenvolve em novos ambientes intermediados pelas Tecnologias de Informação e Comunicação, aciona dispositivos que envolvem a auto-aprendizagem num canal livre para interações entre grupos temáticos, interesses e motivações localizadas, sem restrições do sistema formal. Esses ambientes povoados de comunicação e informação que, se articuladas com fins educacionais, "tornam-se passíveis de promoção de conhecimento, caracterizam o ciberespaço que, visto sob a ótica da ciência da educação torna-se lugar de construção coletiva de saberes... Um debate social e filosófico sobre a interação entre tecnologias e sociedades" (Alava, 2002: 18), num confronto entre a educação escolar formal e uma educação dinamizada pelas motivações e necessidades, condizentes com a situação social e a origem econômica e cultural dos indivíduos, numa espécie de educação não-formal e autoformação.

O ideal de inclusão e cidadania presente nos projetos sociais, políticas públicas e práticas educativas, traz para o centro das reflexões a luta pelo reconhecimento social das minorias em suas especificidades culturais, iluminando perspectivas para uma integração social efetiva, por meio da democratização do uso e dos benefícios das tecnologias cada vez mais abrangente em todos os setores da sociedade.

O propósito deste estudo é confirmar a necessidade de uma análise contextualizada da tecnologia informacional, como produto de relações sociais, implementadas na formação educacional do indivíduo, caracterizando inclusão e cidadania. Um propósito atento para a comunicação desenvolvida nos mecanismos da *web*, seus produtos e serviços, numa leitura crítica do potencial de democratização dos saberes indispensáveis para o uso consciente, a compreensão e a assimilação dos conteúdos e tendências e apropriação qualitativa dos benefícios que conferem.

Essa análise se viabiliza no programa de Pós-Doutorado da Faculdade de Educação da Unicamp, Universidade Estadual de Campinas, em 2004, onde a comunicação presente na *web* torna-se elemento de análise no que se refere à educação e integração social, estabelece a relação entre as práticas realizadas no campo educacional, mediadas pelas tecnologias de Informação e Comunicação, numa análise crítica das práticas do Terceiro Setor, tendo em vista o propagado na mídia e do factível.

Dentre as necessidades orquestradas pela dinâmica da sociedade do conhecimento encontra-se a de complementar, atualizar e prosseguir estudos para que se possa compreender as tendências em relação às mudanças das bases tecnológicas e científicas e seus impactos sobre a produção de conhecimento, de bens materiais e dos condicionantes para a participação social do indivíduo. Tais mudanças caracterizam demandas por uma educação inclusiva e cidadã, atendidas pelas políticas e práticas sociais, diluídas na sociedade, em resposta ao enorme distanciamento social motivado, entre outros, pela globalização da economia e seus desdobramentos de caráter tecnológico, econômico e social.

O livro se apresenta em quatro capítulos. No primeiro, introduz o objeto científico, seu contexto, motivações para o questionamento e a busca de respostas. Anunciamos os conceitos: integração social, luta por reconhecimento, ciberespaço, educação e ensino a distância, que iluminam a compreensão do fenômeno e subsidiam as análises. Valemo-nos de dados da pesquisa apresentada no quarto capítulo, para desenvolver e exemplificar algumas afirmações que se antecipam, numa abordagem crítica da comunicação para a emancipação social. Problematiza as práticas do Terceiro Setor nas malhas do ciberespaço e na gestão da informação que veicula.

O segundo capítulo traz o arcabouço teórico que fundamenta as análises e dá sentido a nossa busca por compreender o ideal de inclusão e cidadania, na sociedade contemporânea. Remonta teóricos nacionais e internacionais num esforço de avançar a reflexão, guiada por uma gramática moral dos conflitos sociais, na luta por reconhecimento por meio da experiência de solidariedade e auto-estima, argumentados nos estudos de Honneth (2003). Desenvolve a análise sobre educação e cidadania pelo reconhecimento social, o ciberespaço, o caráter pedagógico da Internet, a sociedade digital e as contradições sociais.

No terceiro capítulo, apresentam-se reflexões nutridas pela pesquisa e experiência de coleta de dados na *web*; aborda a Internet em sua perspectiva de inclusão social, destacando os otimismos exacerbados e a lucidez pedagógica, necessária para identificar ações férteis de promoção da cidadania. Situam a educação a distância dentro da perspectiva da expansão de ações realizadas à distância, possibilitada pelas tecnologias de informação e comunicação. Destaca o compromisso do gestor da comunicação social com a construção da cidadania, pela consciência sobre o caráter pedagógico da informação fértil de possibilidades de construção de conhecimento. Desenvolve a partir da teoria de Lucia Santaella (2004), a discussão sobre leitura e formação de leitores para os novos ambientes interativos e móveis da *web*.

No quarto capítulo, apresenta-se a pesquisa sob tópicos de problematização e análise, desenvolvidos a partir da inserção no universo do Terceiro Setor, presente no ciberespaço e que atua no Brasil, no período de março de 2003 a março de 2004. Neste capítulo, sistematizam-se os principais dados coletados para análise do potencial de inclusão social das práticas educativas desenvolvidas, gerando ainda a reflexão sobre a confiabilidade do ciberespaço como campo de pesquisa. Dentre as principais contribuições do capítulo, indicamos, nas conclusões, a análise sobre a fragilidade da pesquisa baseada em dados coletados na Internet para fins científicos de natureza acadêmica.

Capítulo I
Educação, comunicação e democratização de saberes

> Não é pela contemplação de algo, na suposta apropriação conceitual daquilo que as coisas são num determinado instante, que os homens aprendem, mas pela transformação desta coisa, pelas conseqüências que o seu saber opera no real. (Habermas, 1987: 15)

Esta reflexão constitui-se de estudos teóricos, da comunicação transportada pelas tecnologias de informação, do ciberespaço como campo da pesquisa educacional, das análises geradas no percurso, realçando os motivos e desafios do tema, da metodologia e do campo de onde os dados são trazidos como problema de pesquisa. Tem na construção do conhecimento o propósito das análises e na metodologia a preocupação com a disseminação de uma cultura para a credibilidade do campo virtual como fonte de dados confiáveis para a pesquisa nas ciências sociais. Discute a democratização de saberes, como perspectiva de emancipação social dos indivíduos, no contexto das tecnologias de comunicação na *web*.

Ao mesmo tempo em que identificamos avanços nas relações integradas pelos meios de comunicação e às tecnologias de informação em direção ao conhecimento, denunciamos o distanciamento ainda em processo de ampliação, que exclui culturalmente as camadas da população de seus benefícios. Além disso, há o dilema no qual nos coloca o atual contexto da comunicação da informação na sociedade tecnológica, em relação à volatilidade das coisas e das relações por elas estabelecidas, ameaçando afirmações, reencarnando a idéia de que *tudo o que é sólido desmancha no ar*, agora, antes mesmo de ter se solidificado.

> ... estamos situados diante do paradoxo de um conhecimento que não somente se despedaça desde a primeira interrogação, mas que também, descobre o desconhecido em si mesmo e ignora até mesmo o que significa conhecer (Morin, 1999: 17).

O conhecimento é o motivo e o desafio principal deste estudo. Motivo constituído de um elenco de experiências que nos movem e desacomodam com as perguntas e percepções que acumulamos e que nos interrogam novamente e outra vez. Momentos e contextos, olhares e noções dinamizam o saber, diversificam conceitos e geram novas indagações.

Para Schaf, "O nosso conhecimento e o seu produto — o saber — dependem não apenas do fato objetivo na relação cognitiva, mas ainda do fator subjetivo ligado ao condicionamento variável do sujeito que conhece". (Schaf, 1986: 138) Ao analisarmos a relação entre conhecimento e saber, uma questão puramente epistemológica que insere na pauta sobre o conhecimento, o interesse e a reflexão que Habermas (1987) incorpora na sua discussão sobre conhecimento e interesse, explicando que quem reflete posiciona-se em face de algo que, de uma forma ou de outra, lhe está disponível. Ao refletir, prestamos contas àquilo que pensamos saber, ou seja é estranha a idéia de que alguém possa saber algo, sem saber como e por que sabe.

> A reflexão... só se dá por satisfeita quando acredita estar ciente das razões que levam algo a ser como assim como não pode deixar de ser. Nesta dinâmica, o saber fica descomprometido desta ou daquela experiência singular e livre para assimilar novas situações... em relação àquilo que já foi experimentado como conhecimento. (Habermas, 1987: 13)

Ou seja, o conhecimento, quando refletido, se desvincula das condições que o possibilitam, caracterizando sob este aspecto, a autonomia de quem reflete. A aprendizagem não se dá pela contemplação de algo, ou a memorização do conceito, mas pela transformação desta coisa, pelas conseqüências que seu saber opera no real.

Em posse destas reflexões é que vamos tomar a educação, comunicação e democratização de saberes em nosso trabalho. A comunicação é o objeto central problematizado na sociedade das telecomunicações e suas tendências, a educação tomada como direito constitucional e de caráter emancipatório e os saberes relacionados diretamente ao domínio do ferramental que acessa informações passíveis de se tornarem conhecimento pelo interesse e na reflexão.

A prática cada vez mais usual, e por nós observada criticamente, de se buscar dados para estudos e análises de pesquisa das mais diversas áreas, nos ambientes caracterizados por ciberespaço, motivou a definição do tema deste trabalho e da Internet como campo onde os dados se encontram sem qualquer pretensão de ser conhecimento. É a nossa intenção ao acessá-los e deles nos apropriar para um determinado fim que lhes dá identidade de mera ilustração, informação ou de conhecimento.

Neste campo livre, aberto e sem qualquer regulação de seus conteúdos, encontram-se informações baseadas em fatos reais interpretados e maquiados com imagens, sons e cores, estudos científicos e literários, e ferramentas úteis para o trabalho de pesquisa nas mais diversas áreas, todos num mesmo ambiente passível de busca e de localização pelas próprias ferramentas nele dispostas.

A familiaridade com a busca constante de novas metodologias de ensino e pesquisas educacionais, envolvendo as tecnologias de comunicação e sociabilidade em seu potencial de inclusão e cidadania pelas práticas educativas do Terceiro Setor, é o que nos desafia. Além disso, os ambientes de comunicação favorecidos na Internet constituem um novo campo de competição onde a concorrência se mostra por meio dos avassaladores efeitos das propagandas objetivas ou não que refletem o mercado *network*. A educação compreendida como um serviço também ocupa esse espaço. Fora dele, sabe-se, a educação é, historicamente, alvo de propaganda política. Uma vitrine atraente para os governos exporem seus feitos ou as intenções deles, traduzidos em projetos na escola — local mais próximo da população eleitora.

Neste contexto se verificam espaços criados para visibilidade de determinadas ações políticas pontuais, abandonadas ao final da gestão sem avaliação ou perspectivas de evolução, tendo sido positivas ou não para a população.[1] São as pesquisas acadêmicas as que mais aproximam da possibilidade de investigação, análise e reflexão crítica dos sistemas educacionais e suas práticas, cumprindo a função de denunciar mazelas, anunciar compromisso com a transformação social e até mesmo oferecer indicadores para avaliação e novas propostas.

A pesquisa educacional possui características próprias, uma vez que considera como seu objeto científico as relações estabelecidas na experiência ensino e aprendizagem, inserida num contexto social, político e econômico, de onde emanam conflitos e contradições. Numa abordagem dialética a pesquisa educacional, que fazemos neste estudo e à qual nos referimos, considera o contexto histórico e sua dinâmica social, para a análise qualitativa dos ideais de inclusão e cidadania.

Desenvolver a metodologia de pesquisa, utilizando ferramentas e dados presentes no ciberespaço, assegurando o rigor científico e o compromisso com a produção de conhecimento numa pesquisa de pós-doutorado, representa um dos grandes desafios deste estudo, em que as perguntas que fazemos despedaçam conceitos, já absorvidos pela experiência, que dizem respeito à inclusão e cidadania pela educação e trazem, para a discussão, as práticas dos movimentos sociais do Terceiro Setor.

"... as Organizações Não-Governamentais do Terceiro Setor atuam para incluir, de forma diferenciada, os excluídos pelo modelo econômico. Gohn (2001: 83). Esta atuação reflete numa prática na qual o individualismo e o voluntarismo predominam em lugar de promover a mobilização engajada, típica dos movimentos sociais dos anos 1970 e 1980. A partir dos anos 1990, o Terceiro Setor passa a compor a agenda das novas políticas sociais, com a substituição ou transferência das atividades do Estado para a iniciativa privada, com uma nova perspectiva das políticas de parceria e

---

1. Como exemplo, pode-se citar o CEFAM (Centros de Formação para o Magistério), nascido na década de 1980 como projeto para elevar a qualidade da formação do professor das séries iniciais do ensino fundamental. Apesar de uma trajetória pautada no trabalho comprometido com a ampliação das práticas limitadas às experiências pontuais no Estado de São Paulo, entrou num processo de abandono e degradação, agonizando, em 2005, com sua última turma de professores sem identidade com os ideais de origem, sem avaliação. O que ficou do CEFAMs foram as pesquisas da área de educação.

cooperação com o Estado, visando contribuir para a construção de uma nova realidade social pela inclusão. Dentre suas ações, estão as de capturar demandas e carências sociais, traduzindo-as na oferta de um serviço à comunidade. No caso de nosso estudo, este serviço é a educação.

O atual contexto das tecnologias de informação, comunicação e sociabilidade que envolveu gradativa e amplamente todos os setores da sociedade no mundo e no Brasil, favoreceu igualmente o Terceiro Setor, que passa a se valer de seus recursos e a se projetar na mídia. E, em alguns casos, para atingir a população com a oferta de serviços caracterizados como propulsores da integração social e de cidadania. Um exemplo disso é a educação por meio de cursos que elevem a condição do indivíduo excluído socialmente, objetivando sua reinserção, seja no mundo do trabalho ou em projetos sociais.

As possibilidades abertas pelas ferramentas de comunicação utilizadas no ensino à distância inseriram, naquela prática, além das universidades e empresas, também as Instituições do Terceiro Setor, que se valem do ferramental disponível para ampliar seu universo de acesso à população com seus objetivos materializados na oferta de serviços, neste caso, a educação agora também à distância. Diante desta perspectiva, perguntamos: quanto estas práticas de fato concretizam seus objetivos? Qual é a compreensão de educação a distância deste segmento? Que confiabilidade se pode atribuir aos ambientes constituídos pelas tecnologias de informação e comunicação como campo passível de inclusão pelas práticas sociais e potencial de pesquisa e coleta de dados? E, por último, o quanto a comunicação na rede Internet, sobretudo aquela empregada pelos segmentos que a utilizam, visando atingir a população, em nome da inclusão e cidadania, são, de fato, compreendidas, apreendidas e objetivadas.

Saber e emancipação social

A relação entre cidadania e educação amplia seu sentido na medida em que o desenvolvimento científico e tecnológico complexifica processos, eleva a qualidade de bens culturais e amplia o fosso entre a participação democrática e a apropriação dos benefícios da revolução científica tecnológica por todas as pessoas. E também na medida em que o conhecimento indispensável para o discernimento e compreensão dos mecanismos de comunicação e poder passa pela educação escolar e esta não é extensiva com a mesma qualidade para todas as pessoas. Além disso, a prática da educação escolar sempre esteve em descompasso em relação aos demais segmentos sociais no que diz respeito à busca por inovações.

As perspectivas das tecnologias de informação e comunicação abertas para o ensino, pesquisa e avaliação geram, no ambiente educacional, aqueles que, resistentes em mudar o paradigma didático de sua prática docente, elevam os indicadores da descrença e da desconfiança da metodologia e do ferramental tecnológico utilizado para o ensino.

Considerando o caráter econômico e cultural que envolve a apropriação das tecnologias no cotidiano social, e a dominação pelo poder do conhecimento e da técnica, a reversão deste quadro será possível pela pesquisa e, em grande parte, pela democratização do saber que guarda o domínio e a criticidade sobre usos e aplicações políticas, econômicas e sociais das tecnologias de informação e comunicação.

Há também uma outra questão posta pelas lideranças de associações de professores que anunciam a inserção das tecnologias na prática docente como uma ampliação da forma de exploração, que impõe trabalho *on line* extraclasse, não considerado ou computado como parte de seu trabalho, agora ocupado também em responder ou atender por e-mail as solicitações do sistema escolar. Uma nova prática que extrapola a sala de aula convencional, atingindo tanto o professor quanto o aluno, e desponta da educação formal, restrita ao prédio escolar e suas dependências interligadas, transferindo as atividades a ela relacionada para um outro tipo de educação não-formal.

Essa nova face é identificada tanto pelos estudos e pesquisas quanto pela prática educacional e profissional que nos mostram elementos presentes no ensino e nas aprendizagens, mediadas por recursos da tecnologia informacional, de interfaces com a educação não-formal. Essa educação, de origem nos movimentos populares, trouxe para o debate educacional a cultura popular associada ao ensino fora do sistema escolar formal, tornando-se, no final do século XX, conhecida como atividade prática de muitas instituições que caracterizam o Terceiro Setor. Esse estudo empenhou-se em conhecer, contextualizar, analisar com criticidade e fundamentos históricos essas práticas, em busca da confiabilidade e credibilidade necessárias para a democratização de saberes e redução das lacunas sociais.

Sobre educação e cidadania, torna-se importante destacar o avanço das pesquisas e influência dos trabalhos desenvolvidos por uma década no Grupo de Estudos de Movimentos Sociais, Educação e Cidadania — GEMDEC, na Faculdade de Educação da UNICAMP, orquestrados por Maria da Glória Marcondes Gohn, responsável por pesquisas e publicações sobre movimentos sociais, alimentando e valorizando a investigação, a produção de conhecimento e a análise dos conceitos de democracia, cidadania, educação não-formal e transformação social no Brasil, representando-nos também lá fora. Estes conceitos focalizamos neste trabalho sob a perspectiva da inclusão do indivíduo pelo acesso a tecnologias de informação e sua leitura crítica, rumo ao reconhecimento e à emancipação política.

Reclamada historicamente no Brasil, a emancipação, quando associada ao domínio dos códigos de leitura, escrita e cálculo, nos remete à educação de jovens e adultos trabalhadores, um dos marcos motivadores de nossa atuação, consolidada pela pesquisa, sobre a realidade educacional de operários da construção civil, concentrados nas capitais brasileiras e grandes centros urbanos. Trabalhadores advindos das regiões norte e nordeste do Brasil, ao desembarcar nas rodoviárias e se dirigirem aos canteiros de obra urbanos, se vêm impactados pelas exigências e ritmos impressos no cotidiano das relações letradas, sistematizadas, complexificadas pela comunicação hierarquizada, pactuada com o poder do conhecimento.

A necessidade de apropriação dos códigos de leitura e escrita manifesta-se neste segmento como questão de sobrevivência, no estabelecimento das relações no trabalho e na comunidade, decifrando códigos de segurança, administrando seu banco de horas, conferindo pagamento etc. Questões que remetem ao desenvolvimento tecnológico e social e à inclusão do trabalhador de setores que recebem a população excluída culturalmente, como é o caso da construção civil e de alguns setores de serviços.

A dificuldade do operário dos canteiros de obra, advindos de regiões pobres da periferia do país, em busca de emprego e de meios de superar períodos em que a sèca ameaça a pequena propriedade, se traduz na desvalorização do conhecimento que traz frente ao conhecimento que lhe é cobrado no trabalho e nas rotinas urbanas. Do que sabe, pouco se aplica à nova vida, projetando abalos da auto-estima, gerando a submissão, elemento que se distancia das condições que movem a luta por reconhecimento social e cidadania.

O sentimento de inferioridade se agrava diante do emprego de recursos didáticos e de instrumentos de aprendizagem nos cursos de alfabetização de adultos.[2] (Brandão, 1982) antropólogo estudioso da educação popular na década de 1980 no Brasil, fez do campo de pesquisa o sertão, e dos sujeitos, os lavradores do interior de Minas Gerais. O autor sintetizou, no ato de lutar com a palavra, o desenvolvimento da leitura e escrita como busca de reconhecimento social. Antonio Cícero de Souza, seu sujeito de pesquisa, em conversa sobre a educação e a aprendizagem da escrita, afirma que:

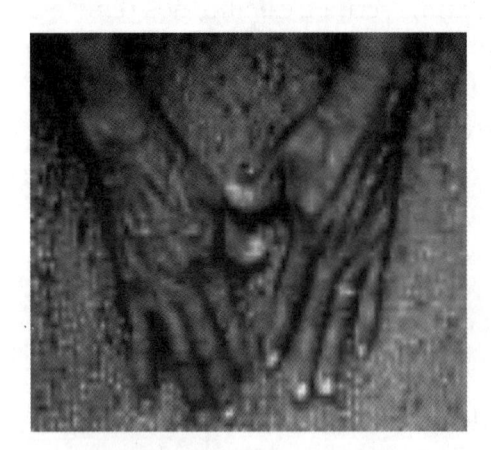

Figura 2 — "*Mão que foi feita pro cabo da enxada acha a caneta muita pesada.*" (Antonio Cícero de Souza, o Ciço, In: Brandão, 1982: 165).

---

2. Esse foi tema central de nossa pesquisa no Mestrado, ocasião em que caracterizamos os operários dos canteiros de obras da construção civil que, no período de 1990 a 1995, lotaram as obras da falida Encol S/A, empresa que em menos de uma década tornou-se hegemônica no setor da indústria de construção em todo o país, instituindo um modelo administrativo que tinha no marketing social um espaço privilegiado para projetos e ações educativas de universidades e outras iniciativas parceiras, interessadas naquele segmento como campo de pesquisa e produção de conhecimento.

Na construção civil, concentra-se a presença constante deste pensamento, que rege a prática do educador alfabetizador e exige o exercício de pesquisa de conteúdos e metodologias contextualizadas naqueles sujeitos da educação.

As questões relacionadas à tecnologia de informática, no meio operário de setores como a construção civil, refletem-se na emissão do demonstrativo de pagamento e das horas extras, somadas às dificuldades de compreensão do trabalhador, numa fase de sua alfabetização ocupada por vencer os obstáculos do processo de leitura e manuseio da *caneta muito pesada*. Para grande parte destes sujeitos, a tecnologia computacional representa ainda um elemento estranho de difícil compreensão, caracterizando um sistema de dominação, porque inacessível ao seu entendimento. O caixa eletrônico, a senha do cartão magnético com o demonstrativo do salário são os elementos estranhos trazidos para a alfabetização urbana ao trabalhador que acumula outros importantes saberes e culturas, não reconhecidas pela cultura e saberes urbanos.

Nosso estudo desenvolvido nos canteiros de obra da construção civil de 1990 a 1995 resultou no reconhecimento, em Cuba, por ocasião da Pedagogia 93, por representar, entre outros, uma denúncia do trabalhador adulto constrangido pela constatação de sua condição de analfabeto ao deparar-se com o mundo letrado e sua comunicação visual nos grandes centros, ratifica o ideal do UNICEF de que é na infância que o indivíduo deve ser atendido em seus direitos e necessidades e, dentre elas, a escolaridade fundamental, a leitura e a escrita no contexto social.

Apresentar a demanda social do adulto não escolarizado, desatendido em seus direitos na infância, foi desencadeador do reconhecimento. O enfoque recaía na problemática dos trabalhadores brasileiros, excluídos de seu meio ambiente sociocultural, por questões políticas e econômicas, e que buscavam, nas metrópoles, as oportunidades de trabalho, acarretando-lhes o estigma de analfabeto funcional. Conceito que acrescenta ao analfabetismo da linguagem, das técnicas de decodificação de leitura e da escrita, além da comunicação e da sua inadequação quanto aos ritmos impressos na metrópole, outras habilidades e percepções desenvolvidas no processo ensino e aprendizagem.

As tecnologias informacionais e seus mecanismos de dominação pela linguagem, forma e conteúdo, contribuem também para o agravamento deste novo analfabetismo que não se restringe aos códigos de leitura, escrita e cálculo, mas também à apreensão do sujeito, das expressões áudio-visuais e dos meios de comunicação, ficando à mercê da tirania das imagens e dos espetáculos da tevê e do vídeo, sem contar a Internet, quando excluídos desse processo de democratização dos saberes necessários para a utilização crítica e consciente do ferramental e da comunicação que veicula.

Ainda hoje, os canteiros de obras na construção civil são o setor que mais emprega homens e mulheres sem nenhuma escolaridade, promovendo o analfabetismo funcional. Essa situação caracteriza problemas para ambos os lados: para o trabalhador e a trabalhadora, as dificuldades se manifestam no cotidiano exigente de leitura e escrita que começa nos exames de admissão e assinatura do contrato de trabalho; para a empresa, a dificuldade de disciplinar o uso de equipamentos de segurança — capacetes, luvas, cintos, óculos, entre outros —, acarretando os acidentes de trabalho, revertidos em multas computadas como prejuízo para a contratante.

Uma das motivações da empresa ao buscar parcerias com a universidade ou outras instituições de ensino, para o desenvolvimento de programas de escolarização supletiva ou de formação educacional aos seus trabalhadores de baixa ou nenhuma escolaridade, ocorre exigida pelas normas de certificação para fazer frente às concorrências.

Outra motivação é a educação do trabalhador pela empresa, com o objetivo de promover, através da leitura e escrita, o desenvolvimento da consciência sobre os riscos de acidentes e o desperdício de material, repercutindo em redução de gastos com multas e indenizações, favorecendo o marketing social da organização. A questão da cidadania e da educação como propulsora da luta por reconhecimento pelo operário deste setor caracteriza o fenômeno de estudos e pesquisa que aquecem o debate da inclusão.

A problemática da educação do trabalhador em contato com os códigos letrados e as tecnologias de informação e sistematização das relações do trabalho é ampliada com a modernização dos processos e substituição de pessoas por sistemas eletrônicos.

A UNITRABALHO, Fundação Universitária de Pesquisa do Mundo do Trabalho, constituída de um *pool* de universidades públicas e privadas, reúne e desenvolve estudos e pesquisas sobre o mundo do trabalho e a problemática do emprego. A empregabilidade, tema que ocupou toda a década de 1990 no mundo, também no Brasil foi intensamente discutida e pesquisada nas universidades e setores do governo responsáveis pelas políticas de qualificação e requalificação do trabalhador. Tais políticas acionadas como paliativo para amenizar a crise do desemprego utilizam verbas públicas do FAT, Fundo de Amparo ao Trabalhador para financiar cursos profissionalizantes tidos como emergenciais do mercado. Ao investir na requalificação profissional, essas políticas públicas demonstram ignorar as mudanças macroeconômicas para explicar o desemprego e apostam na simples requalificação para resolver a falta de postos de trabalho, gerada pelas transformações guiadas pelas medidas de modernização e contenção de gastos sociais.

O fato de ter que prestar contas sobre a aplicação do fundo nas políticas de emprego, fez com que as Secretarias Estaduais de Emprego e Trabalho e o Ministério de Trabalho estabelecessem parcerias com instituições, como o exemplo da UNITRABALHO, para realizar pesquisas que possibilitassem a avaliação das práticas, justificando o investimento em nome da qualificação e requalificação dos milhares de desempregados brasileiros.

O fruto das pesquisas sobre o mundo do trabalho e as políticas de emprego fertilizam a produção acadêmica e, conseqüentemente, beneficiam a sociedade, com publicações, dados e reflexões sobre o potencial das políticas de requalificação e seu potencial de reintegração dos trabalhadores desempregados, no mercado profissional, além de contribuir para a contextualização da luta por reconhecimento daqueles que buscam, nos cursos, capacidade de gerir a própria renda, livrando-se da condição de excluído ou de inserido provisoriamente nos projetos sociais.

Ao manter o eixo da relação educação e trabalho, com a síntese no reconhecimento dos direitos, as políticas de qualificação e requalificação profissional traziam, nos conceitos de empregabilidade e integração social, a problemática, entre outras, do acesso e apropriação de tecnologia computacional pelo trabalhador desempregado. As práticas definidas pela SEFOR — Secretaria de Formação do Ministério do Trabalho, voltadas para a requalificação de trabalhadores com o objetivo de reintegrá-los ao mercado de trabalho, conservavam a lacuna da aprendizagem básica, pautada nos domínios da leitura e escrita e domínio da técnica.

Ao privilegiar, na formação, o desenvolvimento de habilidades técnicas, num reforço do *fazer* sobre o *pensar*, instala-se uma condição que agrava e dificulta a compreensão dos sistemas informatizados presentes no cotidiano das relações. Em alguns casos, a complexificação das tecnologias, e do uso que se faz dela, contribui para que a população em desvantagem social se mantenha no universo daqueles vistos como defasados para operar tecnologia, ou seja, um novo analfabeto. Para Chaves (1988), na sociedade informatizada, o analfabeto não é aquele que não sabe ler e escrever, mas o que não sabe utilizar a tecnologia no seu dia-a-dia e em benefício de suas necessidades.

Soma-se, a este quadro, a questão da cidadania digital, que ocupa lugar na pauta de discussões sobre educação e integração social — uma cidadania que pressupõe sujeitos capazes de fazer uso consciente e produtivo dos recursos tecnológicos disponíveis socialmente elevando sua qualidade de vida e de relações com o mundo informatizado.

A experiência pedagógica e social da educação a distância, sob um novo paradigma emergente, coloca o educando em contato com tecnologias de interatividade e produção de conhecimento, num exercício de relacionar sua educação e aprendizagem com o mundo do trabalho e das comunicações, povoado de operações informatizadas. A auto-aprendizagem ou a educação a distância aproxima-nos dos mecanismos de comunicação e interatividade que marcam o início deste século.

A relevância do estudo destas questões se mostra no enfoque sobre o compromisso das políticas de parcerias com a democratização de saberes que de fato alterem a realidade social, promovendo a participação aos bens produzidos culturalmente, como ideal de inclusão, por exemplo, do Terceiro Setor. As demandas por reconhecimento social, o emprego de tecnologias de informação e comunicação, no contexto em que a educação é referência, inclusive nas análises do Banco Mundial para o desenvolvimento e independência econômica da Nação, iluminam nossas análises.

O fato de o Terceiro Setor ocupar lugar de relevância social, administrar recursos de diversas fontes e trazer uma abordagem nova para o levantamento e a busca de soluções para as questões sociais contemporâneas, coloca-o em lugar de destaque em nossas análises. Ao lado do Estado e do Mercado, o Terceiro Setor se ocupa da organização dos movimentos sociais, suas lutas e ações para conter as contradições e injustiças advindas do sistema econômico e da tarefa de conter ou amenizar os distanciamentos entre o reconhecimento social e a cidadania.

As suspeitas sobre os desvios dessas funções, por algumas organizações que caracterizam o ideal "sem fins lucrativos", ferem a imagem do Terceiro Setor ao realçar falhas que obscurecem ações significativas e práticas engajadas no movimento transformador. Compreender os seus mecanismos de participação ativa na sociedade, através de estudos sistematizados, socializados e discutidos na universidade e nos espaços reconhecidos, reforça a motivação para a pesquisa, potencializando as práticas sociais.

Construção de conhecimento: vias de acesso

Buscamos em Habermas (1987) os fundamentos para refletir a natureza da construção do conhecimento numa argumentação marxista em que o saber não se dá apenas pela contemplação de algo e nem isolado de suas conseqüências: *Não é pela contemplação de algo, na suposta apropriação conceitual daquilo que as coisas são num determinado instante, que os homens aprendem, mas pela transformação dessa coisa, pelas conseqüências que seu saber opera no real.* (Habermas, 1987: 15)

Essa reflexão em muito contribui na motivação para a pesquisa como fonte de saber e no seu processo como construção de conhecimento, pois ao desejar pesquisar decidimos por não nos limitar a contemplar o fenômeno e nem mesmo nos contentar com informações que o rodeiam sem preocupações com a comprovação advinda dos questionamentos acerca do que se mostra.

O desenvolvimento da ciência trouxe progressos e avanços que estão sempre desafiando nossos conceitos, nossa lógica e inteligência, colocando-nos o problema do conhecimento sempre como algo exigente de esforço e trabalho cognitivo, desacomodando a razão, quando descobrimos ignorâncias em nossas verdades. Questionar o que nos parecia evidente e reconsiderar o que fundamenta as verdades é uma atitude que, para Morin (1999: 16), "Carrega... a necessidade de interrogar a natureza do conhecimento para examinar sobre sua validade".

A Internet, como vias de acesso, se caracteriza pelo contato com infinitas informações e linguagens, num movimento e espaço completamente babélico e permanentemente surpreendente. Diferentes idiomas e diversas culturas se cruzam entre os sujeitos heterogêneos que se encontram lado a lado e incomensuravelmente distantes no ciberespaço, situando-se em lugar algum e em todos os lugares.

Essa nova via de peregrinação e sociabilidade no ciberespaço tem sido amplamente explorada para busca de conhecimento e saberes. E exatamente pelo seu caráter babélico é que inspira questionamentos das mais diversas ordens, remetendo ao desejo de pesquisar sobre seu potencial de construção de conhecimento e os limites de sua confiabilidade de dados.

Pesquisar as tecnologias de comunicação e sociabilidade presentes no ciberespaço, identificando nelas o ideal de inclusão e cidadania, nos revela perspectivas de transformação democrática no processo educativo e nas políticas educacionais brasileiras. No entanto, para não se cair na armadilha do cegante entusiasmo pelas tecnologias, ferindo o pensamento crítico propulsor de transformações sociais, se faz necessário caracterizar o percurso que processou tais revelações, os objetivos que delinearam as trilhas e direção do conhecimento.

A exclusão pela comunicação passa pela falta de compreensão da realidade e do entendimento e assimilação crítica das mensagens, valores e ideologias nelas presentes, instituindo-se novas formas de se relacionar com a informação, o conhecimento e os saberes.

As pesquisas mais recentes das relações educação e trabalho apontam para os dilemas do descarte de processos e de pessoas, substituídos por tecnologias que agregam novos procedimentos e saberes, numa ruptura de valores, identificando-se a presença de um novo enfoque relacional que sugere um estímulo para a renovação e um novo pensar, com base em novos fundamentos da comunicação e informação. As motivações para o saber advêm de conflitos causados pelas experiências que transitam entre o paradigma ameaçado, porque incapaz de soluções de problemas mais prementes, e as articulações que incluem novas abordagens e posturas no pensar e no agir. Essa reflexão destaca a pertinência da inserção dessas tecnologias em experiências de aprendizagem num exercício multidisciplinar que objetiva a apropriação de seus mecanismos como pré-requisito para a prevenção da exclusão pela substituição de postos de trabalho por tecnologias complexas.

Por outro lado, pesquisas sobre a aplicação de tecnologias educacionais no ensino mediado por computador em rede apontam possibilidades e perspectivas de uma educação mais próxima do futuro também próximo, desde que solucionados os problemas políticos, econômicos e sociais que assolam e retardam o acesso das camadas da população aos benefícios de uma educação contextualizada.

Pesquisa sobre as relações ensino-aprendizagem, articuladas ao uso de tecnologias de informação e comunicação, advindo do sistema público de ensino, identificam contradições e descompassos no que diz respeito à escolarização e à presença na formação do educando de elementos que o prepare para atuar numa sociedade em que as tecnologias computacionais encontram-se presentes em quase todos os setores e processos.

O laboratório de informática na escola pública de ensino fundamental e médio tem se mostrado distante de ser um lugar como a sala de aula, a biblioteca e demais espaços de estudos e atividades didático-pedagógicas. Situação que desvela o distanciamento entre a formação escolar e as exigências sociais, reforçando a idéia de o uso da tecnologia ser algo complexo, inacessível, difícil, arriscado em sua fragilidade e prejuízos. Para algumas direções de escola, deixar o laboratório fechado é mais seguro e evita que os alunos danifiquem os computadores. No entanto, os alunos fora da escola convivem e manipulam o ferramental na Internet, como lazer ou trabalho, numa experiência que a escola não chega a incorporar em seus laboratórios ou atividades de aula.

Essa realidade aponta para a situação das famílias dos alunos do ensino fundamental e médio que reivindicam da escola oportunidades para seus filhos iniciarem a experiência no manejo com o computador, evitando que eles fiquem à mercê do mercado privado, onde os cursinhos de informática básica vendem, nas esquinas, a experiência desse primeiro contato que poderia se realizar na escola com os professores, integrando disciplinas, atividades pedagógicas etc.

Os movimentos sociais e as lutas por reconhecimento na sociedade atual, assim como em qualquer época, em que a transformação de um modelo de produção para outro gera contradições e exige estratégias de luta por reconhecimento e direitos sociais, o avanço acelerado do desenvolvimento científico e tecnológico na última década no mundo e no Brasil, nos colocam no limite entre um antigo e um novo paradigma e suas interdependências, ao mesmo tempo em que desprezam conquistas assimiladas e remetem a novas indagações e necessidades da cidadania e integração social.

Assim, não basta apenas indicar as necessidades, mas é preciso ir em busca de seu chamado. Vemo-nos diante de uma nova etapa de desenvolvimento científico, intelectual, político e social, que exige a reconstrução do conhecimento sobre a complexidade das relações humanas, do tempo reclassificado a partir dos meios digitais e do trânsito no ciberespaço, dos meios de comunicação e sociabilidade, da exclusão dos que não se apropriam de benefícios, linguagens e leituras projetadas pelas mídias eletrônicas e tecnológicas passíveis de constituírem saberes.

Definir as trilhas deste estudo no ambiente virtual da Internet implica em novos domínios de conhecimento e seus saberes. Para Santaella (2004), o funcionamento da Internet, além do papel capital desempenhado pela informática e pelos computadores, depende também da comunicação que se institui entre eles por meio da conexão em rede. O funcionamento de tais conexões, do armazenamento de dados na forma de imagens, sons e textos, torna esta comunicação complexa e, ao mesmo tempo, simples, na medida em que seu mapa de navegação é facilmente assimilado pelo usuário que sabe ler e digitar um pouco. No entanto, esta constatação da facilidade para um adulto é bem mais demorada que para a criança.

O despojamento infantil e adolescente no manuseio de instrumentais eletrônicos digitais se mostra coerente com as características da faixa etária em que a curiosidade, aliada ao brincar presente num imaginário que inclui descobertas, move para uma entrega total tão desafiadora quanto lúdica, que favorece a aprendizagem e o desenvolvimento de habilidades perceptivas, motoras e cognitivas. Identifica-se neste contexto, uma parcela de idosos leitores que descobrem nas possibilidades da navegação na *web* formas de reduzir o isolamento e a solidão com novas amizades virtuais numa troca de comunicação mediada pela Internet. Contraditoriamente, as crianças de classe média, antes mesmo de saber ler e escrever, e os adolescentes leitores, em maior proporção, reduzem o seu tempo de convivência nos espaços coletivos do brincar, tornando-se prisioneiros do computador e dos *games*, subtraindo um tempo significativo para sua sociabilidade e desenvolvimento do espírito de coletividade e de grupo.

Observa-se que a maioria da população infantil, adulta e idosa, excluída de processos de aprendizagem que antecedem o acesso às tecnologias de informação e comunicação, são também excluídas socialmente pela falta de leitura, escrita e conseqüentemente da compreensão crítica da realidade.

Reconhecer, neste campo da Internet, o potencial de socialização e de exclusão, define como trilha a rede de informações e comunicação e por meio dela as Instituições do Terceiro Setor, buscando saber dele as ações educacionais que realiza em favor das lutas por reconhecimento da população marginalizada socialmente.

A suspeita inicial quanto à realização dos objetivos de inclusão e cidadania através de uma aprendizagem subentendida como libertadora porque inclusiva, das práticas desenvolvidas na educação, soma-se agora à sua viabilização na modalidade à distância, propagada nos *sites* das instituições do Terceiro Setor. Essa suspeita direcionou *o que* buscar saber neste estudo.

Motivações para a EAD

Uma das principais explicações para a oferta de ensino à distância das salas de aula convencionais se confirmam em pesquisas e trabalhos realizados a partir de demandas por educação e formação profissionalizante reclamadas em regiões do norte e do nordeste do Brasil, prejudicadas por diversas razões. Destacamos algumas dessas práticas.

A elaboração e implementação do PROFAE, Programa de Profissionalização do Auxiliar de Enfermagem do Ministério da Saúde, em convênio com a UNESCO, apontou realidades da educação de jovens e adultos nas práticas das Secretarias de Educação dos Estados de Sergipe, Bahia, Rio Grande do Norte, Tocantins, Acre, Amazonas, Ceará e Amapá, seus princípios pautados na elevação da escolaridade da população dispersa nas regiões distantes das escolas e de seus programas de suplência, com perspectivas de vir a ser um projeto de ensino à distância, desvelando possibilidades não comprovadas e que mereciam análise sobre a possível democratização do saber tecnológico e emancipador.

A constatação da dificuldade de acesso, locomoção e permanência nos locais centrais e urbanos pelas pessoas localizadas nas margens urbanas, tornava os cursos profissionalizantes a eles oferecidos presos às alternativas tradicionais de ensino compensatório, baseados em apostilas defasadas ou cópias de livros ultrapassados. A possibilidade de atualização permanente de conteúdos e transporte imediato deles pela Internet salta como solução ainda que parcial para a precariedade da educação numa perspectiva democrática e contextualizada num Brasil dividido socialmente, ao mesmo tempo em que equipado, embora mal distribuído, tecnologicamente.

A possibilidade de acesso a tecnologias facilitadoras de aprendizagens e comunicação como forma de aproximar da democratização da educação de qualidade, e do conhecimento científico formador do sujeito histórico, compreendendo, segundo Morin (2000) a natureza humana, social e planetária, torna-se uma hipótese a ser verificada para evitar otimismos exacerbados quanto à democratização da educação pelas tecnologias de informação e comunicação presentes na *web*.

Há também que se considerar o compromisso político-pedagógico de desmistificar a tecnologia, como meio e ferramenta para produzir conhecimento, construída e programada para um certo nível de usabilidade em atividades profissionais e sociais e que se encontra restrita a uma parcela da população, econômica e culturalmente favorecida.

O potencial de comunicação e mobilidade destas ferramentas facilita atingir as pessoas em qualquer parte e tempo, beneficiando a inclusão educacional da população localizada em regiões distantes dos centros, onde se dificulta até mesmo a oferta de escolaridade formal. Essa possibilidade averiguada em nossas pesquisas traz como exemplo regiões da Amazônia, onde a criação de postos equipados com laboratórios de computadores na Internet, concentrados em pontos de acesso à população, são idealizados nos projetos de prefeituras, governo local e empresas, com a oferta de cursos supletivos num exercício de democratização da comunicação sociabilizada.

O costumeiro argumento de que a população de baixa renda não possui os meios materiais para acessar e utilizar tais benefícios é substituído pelo da necessidade de consciência e vontade política de governantes e lideranças no investimento social em laboratórios comunitários conectados à Internet.

Esta análise remonta a uma outra preocupação para o debate da democratização dos benefícios das tecnologias de informação e comunicação e a complexidade de seu funcionamento e aplicações particulares, domésticas, lúdicas, profissionais e específicas. Uma nova área de pesquisa e produção de conhecimento técnico se ocupa deste debate. Trata-se da disciplina de IHC, Interação Humano Computador, inseridas nos currículos de formação do profissional de informática e que se justifica pela consciência da necessidade de reduzir a complexidade da aplicação dos produtos da informática, facilitando seu uso por qualquer pessoa.

A questão da integração social pelas tecnologias de informação e comunicação tem no centro dos debates o acesso e uso de programas, *softwares*, como objeto principal que culmina na problematização do fácil uso pela população não-técnica, de modo a compreender os processos de como funciona, para quais tarefas, simplificadas ou não.

As universidades mais avançadas nas questões da disseminação da tecnologia na comunicação e no ensino já possuem, nos currículos de graduação voltados para a formação do profissional de programação de computadores, a IHC ampliando as habilidades do futuro programador no que diz respeito aos conceitos de interatividade e acessibilidade, focados no usuário do computador. As pesquisas de IHC iniciaram suas ações em razão dos portadores de necessidades especiais e a visibilidade da contribuição da tecnologia não apenas com a bioengenharia empregada em tratamentos, desenvolvimento de próteses e recuperação de movimentos mas também na área da educação e reintegração de pessoas com necessidades especiais.

Sabe-se, no entanto, que não basta a preocupação com a IHC apenas por parte dos analistas e programadores, mas que haja também, por parte de educadores e pedagogos, o desenvolvimento de habilidades para o uso destes programas no ensino presencial ou não e, ainda mais, que desenvolvam pesquisas sobre metodologias de ensino que justifiquem a programação de *softwares* como recursos didáticos que elevem a qualidade do trabalho pedagógico e da aprendizagem contextualizada.

Nesta seara, programadores e analistas de sistemas devem trabalhar junto com pedagogos e educadores ligados ao ensino e avaliação da aprendizagem, com profissionais das áreas de comunicação e imagem e técnicos de informática caracterizando a interdisciplinaridade indispensável na educação apoiada pelas tecnologias de informação e comunicação presentes na *web*.

A ação pedagógica integrada se dá pelo cuidado com a qualidade da comunicação e linguagem didática em relação aos objetivos educacionais para obtenção e apropriação pelo educando, do saber que veiculam os conteúdos selecionados, as metodologias interativas e estimuladoras da formação de atitudes de curiosidade e investigação.

A integração de comunicação e imagem se dá no enlace entre a pedagogia e a engenharia computacional objetivada no trabalho do programador em consonância com a aplicação pedagógica do *software*. A interdisciplinaridade da informática educativa e a pertinência e ampliação dos estudos de IHC para as demais áreas de conhecimento e atuação na educação devem ser consideradas, analisadas e trazidas para o debate sobre a democratização e desmistificação das tecnologias de informação e comunicação na Internet, e dos saberes culturalmente contextualizados. Tal ação deve englobar não apenas pedagogos e especialistas mas toda a licenciatura responsável pela formação do professor, que, pelo canal de convivência que constrói com o aluno, possui legitimidade de sujeito capaz de promover a apropriação crítica do ferramental pelo educando.

Na educação para a integração social (Soares, 2003) do indivíduo, identifica-se uma demanda por formação continuada na pós-graduação, tendo o ensino mediado por computador, avaliando satisfatoriamente, do ponto de vista da eficácia tecnológica do ambiente educacional, em consonância com o compromisso político-pedagógico e a formação humanística somada a habilidades, aptidões e atitudes de pesquisa do profissional.

A procura pela formação continuada na pós-graduação e via *web* conduz a duas questões presentes nos propósitos deste estudo. A primeira questão, volta-se para um quadro em que profissionais graduados se vêem ameaçados em seus postos de trabalho numa situação bem próxima daqueles que acumulam, à condição de excluídos, o despreparo e o distanciamento progressivo do conhecimento formal e dos meios alternativos de se apropriar dele, potencializando a inserção social. A formação do trabalhador, hoje extensiva ao patamar do ensino superior e da pós-graduação, mostra que o mesmo mercado que exclui o operário semi-analfabeto ou de escolaridade interrompida exclui também, em outro aspecto, o profissional de formação superior considerado defasado ou desatualizado em relação aos domínios e da flexibilização do conhecimento e ferramental de acesso a atualizações.

A exigência de Pós-Graduação em especializações MBA, nas áreas tecnológicas, e Mestrados acadêmicos para as áreas de Humanidades, tem angustiado os profissionais, que são cobrados e limitados em suas possibilidades de trânsito e permanência nos bancos da universidade em cursos convencionais pautados nos 75% de presença obrigatórios.

A outra questão presente é a busca desta atualização acadêmica e da especialização, valendo-se de plataformas tecnológicas permitindo a distância das rotinas e freqüência aos bancos escolares. A limitação de tempo e locomoção de profissionais que necessitam desta formação à distância e a grande oferta de cursos *on line* no mercado educacional de pós-graduação, dificulta a opção duplamente. A falta de credibilidade nas tecnologias e na auto-aprendizagem, presentes ainda no referencial de educação formal da população em geral, é compensada com a busca de programas desenvolvidos pelas universidades que possuem tradição e um nome a zelar. Neste universo, incluem-se as PUCs — Pontifícias Universidades Católicas.

Outro ponto a se considerar na problemática que envolve o ensino à distância é a novidade e, com ela, as aventuras capitalistas traduzidas na oferta de cursos com a configuração de mercadoria. Além disso, o emprego de recursos de informática no ensino à distância aparece nas discussões, ora com o deslumbramento da tecnologia, ora com críticas quanto à desumanização pela interação homem-máquina cada vez mais difundida, e a credibilidade e competência quando empregada ao ensino. Uma questão que recai sobre outra: o uso desmedido e acrítico de equipamentos no ambiente virtual e a formação de docentes para atuar em sistemas e programas de matriz educacional que dependem de metodologias e didática próprias para a eficácia e resultados qualitativos na aprendizagem.

A primeira questão pode ser resolvida com a solução da segunda, ou seja, se tivermos docentes preparados na sua competência técnica e formação crítica, os modismos podem ser controlados uma vez que sem o professor sistema algum se alimenta, reproduz ou inova.

Há que se considerar ainda o complicador dos setores de indústria e comércio de *softwares* movidos pelo lucro e competitividade, no afã de atualizar e testar sistemas no mercado educacional, com oferta de facilidades que seduzem os proprietários de escolas igualmente movidos pela concorrência e facilidades lucrativas, para a implementação no ensino, muitas vezes, sem a lucidez pedagógica necessária para uma educação de qualidade, com responsabilidade quanto à formação humana, técnica e educacional.

Finalmente, a participação nas discussões e estudos dos movimentos sociais, seus objetivos e ações em nome da emancipação e cidadania construíram essa trilha direcionada ao Terceiro Setor, associando às perspectivas das novas tecnologias de comunicação e sociabilidade e seu potencial de integração social aos objetivos declarados pelas ONGs — Organizações Não-Governamentais, em seus projetos de cidadania, verificando como realizam tais práticas.

Este conjunto de dados e análises sedimentou os estudos e as pesquisas, resultando neste livro que partilhamos com o leitor e com o qual chamamos à reflexão, destacando a questão da educação não-formal como aquela que se desenvolve independente do sistema burocratizado da escola formal e que busca atender as pessoas que necessitam de escolaridade formal, mas não têm acesso a ela por diferentes circunstâncias. Essa educação não-formal ganha novas perspectivas com as tecnologias de informação e comunicação e as práticas de ensino à distância e auto-aprendizagem veiculadas na *web*.

A existência de um paradigma educacional emergente que contempla o uso de tecnologias de comunicação e informação, para sistematização do ensino em espaços virtuais de motivação para a aprendizagem, e o Terceiro Setor, preocupado com os movimentos sociais e a conquista da cidadania pelo indivíduo através da educação, inclusive à distância, assinala a necessidade de pesquisa sobre o potencial dos espaços virtuais para uma prática emancipadora.

Um contingente de pessoas que necessitam de certificação escolar para prosseguirem na profissão e na elevação da qualidade das relações com o cotidiano profissional social, a não-disponibilidade para fazê-lo nos moldes convencionais, o acesso à rede de comunicação, favorecendo o encontro das pessoas para estudo, debate e produção de conhecimento, por meio de sistemas educacionais com interfaces familiares ao usuário, enuncia o problema sobre o potencial de democratização e transformação social que carregam essas tecnologias.

O fato de a Internet ser ponto de referência para divulgação dos propósitos de entidades e instituições em *sites* informativos que também servem de marketing social, dos princípios e práticas do Terceiro Setor, desperta questionamentos. Pesquisar os que declaram compromisso com a Educação para a Cidadania, suas formas de realização, público que atingem, resultados que obtêm torna-se importante para os segmentos envolvidos.

Associamos essas idéias à questão política-social, da democratização da educação e da escolaridade, da integração social pela via do conhecimento para a cidadania, aos objetivos e práticas do Terceiro Setor, por reconhecer a necessidade do olhar crítico sobre o propagado em nome do compromisso com a transformação social e ações concretas decorrentes.

Por outro lado, caracterizando a demanda por práticas integradoras, focalizamos o sujeito excluído socialmente e que, na luta pelo reconhecimento de seus saberes e valores, se encontra em uma sociedade cada vez mais individualizada, que tem nas ações solidárias a resistência contra a desumanização.

Além disso, a promoção da inclusão social pela prática educativa é parte dos objetivos de grande parte do universo de ONGs no Brasil, uma vez que evidenciar as formas como elas as realizam torna-se de grande contribuição, tanto como denúncias da sonegação de políticas de democratização da educação, como para comprovar o trabalho social efetivo.

Dentre as ONGs que realizam práticas educativas, este estudo identifica aquelas que recorrem ao emprego de novas tecnologias, como solução de problemas de acesso à população em localidades distantes, através da *web* e de seu ferramental de comunicação e informação.

Desvelar o potencial do ciberespaço, constituído pela rede de computadores interligados, veiculando informação passível de se tornar conhecimento, seus objetivos e sua prática através do Terceiro Setor, em nome da cidadania, revela um novo paradigma de informação e comunicação a ser confirmado. Para isso fomos identificar as Organizações Não-Governamentais na Internet, analisar seu compromisso com a comunicação objetiva dos valores que dissemina e das ações que as ratificam, por meio da prática social.

Deste universo, destacamos para o estudo os que afirmam, em seus *sites*, ocupar-se com a Educação e utilizar novas tecnologias computacionais para o ensino à distância, por entendermos que estes estudos potencializam as análises sobre a democratização da tecnologia em favor da cidadania. Buscamos saber como atuam, quais projetos desenvolvem, quais públicos atingem e que resultados obtêm, apoiadas na democratização do conhecimento, com a junção dos computadores em rede de comunicações Internet.

Figura 3 — Conexões

Conexões ininterruptas, como as caracterizadas pelo artista plástico Seizo Vinicius Soares (s/d.) em seus ensaios em nanquim, são tomadas como referência para identificar as conexões de redes interligadas, constituindo-se no ciberespaço.

Globalização da comunicação e *web*

Dentre os processos que mais atingiram o mundo moderno, provocando uma reordenação nos conceitos de espaço, tempo, fronteiras, informação, comunicação e conhecimento destaca-se a globalização. Um fenômeno que tornou a sociedade integrada pelo trânsito à informação e comunicação provenientes de fontes diversas e meios eletrônicos que tornaram os acessos remotos e virtualmente instantâneos.

Globalização, para Thompson (2002), no sentido mais geral, se refere à crescente interconexão entre as diferentes partes do mundo, um processo que deu origem às formas complexas de interação e interdependência.

Assim como a globalização é um processo histórico iniciado com a expansão do mercantilismo dos séculos XV e XVI e prosseguindo gradativamente século a século, no século XIX assumiu características presentes até os dias atuais. Vários elementos contribuíram para essa evolução; dentre eles destacam-se: o desenvolvimento industrial e o comércio mundial baseado na divisão internacional do trabalho, importação e exportação de matérias-primas, produção industrial em larga escala etc. Em diferentes escalas, o processo de globalização consolidou-se mais rapidamente entre as nações centrais (Inglaterra, Estados Unidos, Alemanha e Japão) definindo as flutuações econômicas e distribuição de poder.

A Comunicação também teve seu processo de globalização. Ou melhor, a comunicação também passou pela esfera da globalização que também foi processual e teve seu início com o desenvolvimento da imprensa no século XV. Os mesmos elementos que desencadearam o fenômeno da globalização da economia fizeram-no na comunicação. Foi o desenvolvimento das relações industrial e comercial no trânsito além-fronteiras que moveu a abertura e desenvolvimento de novos canais de comunicação e novas tecnologias incumbidas de dissociar a comunicação do transporte físico das mensagens (Thompson, 2002).

O século XX tornou-se marco do desenvolvimento das novas tecnologias, definindo a globalização da comunicação, seja no conjunto de atividades da própria comunicação, seja independentes delas. Thompson destaca três desenvolvimentos que assinalaram esse processo: o uso mais intenso de sistemas de cabo, que fornece maior capacidade de transmissão de informação eletronicamente codificada; o crescente uso de satélites para comunicação de longa distância e o crescente uso de métodos digitais no processamento, armazenamento e recuperação de informações. Esses três desenvolvimentos contribuíram na definição da *web* e de como ela se constitui neste início do século XXI.

A possibilidade das mediações tornou o mundo diferente. Situações ou catástrofes antes escondidas pelo poder dominante tornaram-se partilhadas pelo mundo. Fenômenos naturais, guerras programadas, desastres ecológicos, entre outros, viraram questão mundial pelas possibilidades do mundo mediado. Surge um nova dinâmica na qual o imediatismo da experiência e das reivindicações se atiram contra as responsabilidades. Grupos que se ajudam, que denunciam, ou que se fazem cegos e surdos mantendo-se distantes das pressões e apelos, retrata novos contornos de uma moral que se difunde descontroladamente.

WEB como campo de pesquisa: problematização

A *web* se torna, entre tantas outras formas de uso, campo de pesquisa científica, e essa adjetivação é que a problematiza. A pesquisa científica requer a busca de dados confiáveis para as análises e comprovações de hipóteses que resultarão no conhecimento novo.

A decisão por ser o objeto de estudo o potencial de inclusão da educação praticada pelas Organizações do Terceiro Setor na *web* percorreu os mesmos caminhos de uma pesquisa em outra fonte qualquer. A diferença que problematiza a escolha e efetivação da coleta de dados é a mobilidade desta fonte, ou seja, um dia o objeto está lá, no outro pode não estar ou estar modificado. Pode ser também que ele esteja lá declarado, mas não exista na verdade.

A metodologia teve como rota a pesquisa teórica para fundamentar a problematização e subsidiar as análises dos dados, a pesquisa para a identificação das ONGs a partir do cadastro da FGV, Fundação Getúlio Vargas de São Paulo; da ABONG, Associação Brasileira de Organizações Não-Governamentais; da ABED, Associação Brasileira de Educação a distância; do GIFE, Grupo de Institutos, Fundações e Empresas e da RITS, Rede de Informações para o Terceiro Setor.

Uma agenda de visita às ONGs foi planejada para a navegação sistematizada, utilizando como transporte e identificação das ferramentas de busca *on-line* da própria Internet.

A primeira atividade que poderia se comparar com a entrevista dos sujeitos de pesquisa se dá com a leitura dos conteúdos dispostos na *homepage* ou no *site* de cada ONG pesquisada. Uma leitura não apenas dos conteúdos, mas também da forma como se apresentam as informações institucionais, seus objetivos, os serviços que oferece, público a quem destina as atividades que desenvolve e seu plano de ação, agenda de eventos e outros. Nesta etapa selecionamos as ONGs que declaram dedicar parte de suas ações à educação. Numa segunda navegação, rastreamos, dentre aquelas que afirmam dedicar-se à educação, as que declaravam desenvolvê-la utilizando o ferramental tecnológico da *web*, ou seja, o EAD — Ensino à Distância.

A pesquisa contemplou etapas de classificação por categorias, ênfase nas ações praticadas pela educação a distância, leitura analítica de seus objetivos relacionados ao uso de tecnologias de apoio ao ensino, público-alvo e objetivos da prática educativa em nome da cidadania. Essa metodologia exigiu desdobramentos nas análises das categorias desembocando nos conceitos de educação não-formal, inclusão, integração e lutas por reconhecimento social, paradigmas educacionais emergentes das tecnologias de informação e comunicação, fundamentos teóricos e subsídios advindos das experiências e prática no ensino mediado por tecnologias informacionais.

Chamamos de navegação às inserções feitas ao campo da *web*, que nomeamos como ciberespaço. Elas se realizam na leitura panorâmica do Terceiro Setor, classificando seus objetivos por áreas, destacando a educação e aquelas que declaram fazê-lo à distância dos sujeitos favorecidos. Na imagem, a seguir, vislumbramos o que se entende por ciberespaço.

Pesquisar no universo do ciberespaço, como já dissemos, requer a sistematização das ações e registro da mesma forma que pesquisar num campo estático qualquer, porém com o dobro de cuidados pelos riscos que apresenta, pela mobilidade que o caracteriza seja quanto aos dados, conteúdos e apresentação, seja pela inconstância e não-permanência por meio de seu acesso. Ou seja, os dados mudam de lugar, de quantidade, mudam a forma de se apresentarem, ou desaparecem por um tempo ou para sempre. Registrá-los para posterior análise também se torna um desafio. Retomá-los para nova leitura ou checagem também. Na investigação inicial, utilizamos os *sites* de busca disponíveis na rede num registro manual,

Figura 4 — Foto de tela pintada por Suely Galli Soares — maio de 2004.

Nós vivemos numa sociedade que, sendo formatada por eventos no ciberespaço... é invisível, fora do nosso entendimento perceptivo. Nosso único acesso a esse universo paralelo de zeros e uns se processa através do conduite da interface do computador... dos projetistas anônimos do design e interface. A maneira como nós escolhemos imaginar essas comunidades on-line é obviamente uma matéria de grande significância política e social. (Johnson, 1997: 19)

de cerca de 70 instituições a partir das palavras-chave: Terceiro Setor, ONG, Organizações Não-Governamentais, Educação a distância.

A experiência de registro artesanal nos mostrava a incoerência em relação aos instrumentos existentes no ciberespaço e a forma de apropriá-los na pesquisa. Isto nos orientou para a pesquisa de um ferramental que melhor se adequasse aos objetivos da coleta de dados iniciada artesanalmente. Chegamos então ao *Cogitum Co-Citer*, uma ferramenta de registro, organização e armazenamento de dados, programado para oferecer um campo de registro para a identificação do título, assunto pesquisado, página, fonte, e endereço eletrônico específico do objeto pesquisado.

Além de registrar automaticamente a data completa, dia da semana, mês, ano e horário em que o dado é armazenado, dispondo ainda de campo para comentários e análises que o pesquisador considere pertinente realizar imediatamente após o registro do dado, o que faz segundo seu interesse e objetivos de pesquisa.

Dos dados trazidos para o banco pelo *Cogitum Co-Citer* foram recortados para a análise das práticas educativas do Terceiro Setor a área de conhecimento educacional que envolve escolas, movimentos sociais e empresas. Os níveis de ensino a que correspondem, Ensino Fundamental, inclui os Supletivos (fundamental primeiro e segundo ciclo), Ensino Médio e Ensino Superior, e as práticas de ensino que empregam o uso de novas tecnologias de ensino a distância.

Conceitos-referência das análises

As categorias reunidas nesse estudo foram frutificadas em outras pesquisas e aprofundamentos de nossa prática, encontram-se presentes em nossas publicações e reflexões, foram vivenciadas na leitura crítica dos processos de transformações da sociedade e do sistema educacional brasileiro. Tais categorias foram trazidas para este estudo, uma composição que adjetivamos de familiaridade dos conceitos, por reconhecer neles mais que um parentesco. Há uma irmandade de significados e inter-relações que eles demonstram quando situados na análise da educação e das tecnologias de informação e comunicação, nas teceduras do ciberespaço, num contracenário da realidade educacional brasileira e das necessidades primárias das lutas por reconhecimento e da inclusão social. Serão anunciados de forma breve estes escritos, pois serão retomados em profundidade no livro todo.

A *Integração Social*, compreendida a partir dos estudos de Robert Castel (1995) sobre inclusão ou inserção social e seu caráter de integração provisória, conceito ocultado nos objetivos das políticas sociais de ajuda ou de compensação justificados pelas novas questões sociais. A integração visa encontrar um lugar pleno na sociedade, reinscrever-se na condição salarial com suas sujeições e garantias (Castel, 1995: 554).[3]

O que há de diferente entre, integração e reinserção, para o autor, é o caráter de vínculo e garantias do primeiro. Condição ameaçada pelas medidas neoliberais indicadas para sanar ou prevenir a crise capitalista em determinados períodos. Essa medida inclui, entre outras o fim dos benefícios conquistados politicamente pela luta dos trabalhadores durante séculos, objetivando redução de custos do trabalho em nome da inserção de maior número de trabalhadores nos setores produtivos. Caracterizada pela provisoriedade — trabalho temporário, ajuda social —, a inserção identifica a necessidade de ações sociais que suplementem a ação do Estado para a integração social.

A integração social trazida para o contexto do crescimento explosivo da comunicação eletrônica digital durante os últimos anos, objetivada na Internet, caracteriza a exclusão de muitos como ponto fraco do desenvolvimento da rede, seja pela questão da assimilação das novas tecnologias por parte dos usuários, seja pela questão econômica. "A inabilidade de domínio da tecnologia continua impedindo que muitos compartilhem dos benefícios surgidos com a rede. Cria-se uma divisão da sociedade entre os que têm e os que não têm computadores." (Biernatzki, 2001: 49) Para o autor, ainda resta encontrar alguma forma de garantir acesso igual a indivíduos e nações que estão em desvantagem em relação ao uso e distribuição de todas as tecnologias de comunicação.

A *luta por reconhecimento*, compreendida nos escritos de Axel Honneth (2003), reflete o nexo entre a relação do sujeito consigo mesmo, resultando na identidade pessoal a partir do que os outros assentam ou encorajam sobre si, o que determina suas propriedades e capacidades. Para o autor, em cada nova forma de reconhecimento dessas capacidades, manifestada

---

3. O autor desenvolve suas análises em torno das políticas de ajuda e outras ações tidas como sociais e que conduzem os beneficiários para um estado transitório-durável, permanecendo na fronteira da exclusão e inserção definitiva. (p. 556)

Este estudo foi aprofundado na tese de doutorado da autora e encontra-se na bibliografia.

nas relações sociais, cresce o grau de auto-realização e de constituição do sujeito. Na experiência da solidariedade tão propagada na sociedade contemporânea, reside a possibilidade da auto-estima, um elemento fundante do reconhecimento como ideal de inclusão e dos valores de cidadania.

O reconhecimento concentra, em grande parte, a identidade cultural, não como um denominador comum de padrões de vida e de atividade, mas como sentimentos subjetivos e valores advindos de experiências avaliadas socialmente como positivas ou compartilhadas.

As artes, as ciências e as tecnologias são base de uma educação potencial de reconhecimento social, compartilhada e humanitária. Biernatzki (2001) destaca que os governos e as organizações intergovernamentais falharam ao não desenvolver a consciência e a ciência que permitiriam um entendimento mundial das questões relacionadas à comunicação e à informação, o que, segundo o nosso entendimento, elevou a problematização da desigualdade nos processos de comunicação e educação.

A perspectiva da digitalização geral das informações cria um canal de comunicação e suporte de memória em dados, que define o *ciberespaço*. Para Lèvy (2000), o computador não é mais um centro de funções de informática, mas um nó de uma rede universal impossível de traçar seus limites e definir seu contorno. É um computador cujo centro está em toda parte e a circunferência em lugar algum, um computador hipertextual, disperso, vivo, fervilhante, inacabado: o ciberespaço em si. (Lèvy, 2000: 44)

O fato de ser um espaço de comunicação aberto, numa interconexão mundial dos computadores e das memórias deles, torna-se um ambiente virtual de caráter plástico e fluido, potencial de informações passíveis de auto-aprendizagem e construção de conhecimento.

Para Alava (2002), o ciberespaço potencializa formações abertas, rumo a novas perspectivas educacionais que questionam posturas pedagógicas que já não se adequam às exigências dos novos paradigmas de comunicação.

A participação, bidirecionalidade e multiplicidade de conexões (ver figura seguinte, reproduzindo essas conexões de forma plástica), mediante simulações e experimentações que refletem na aprendizagem a sala de aula interativa cuja prática de ensino mediadora da comunicação do conteúdo não comporta mais a forma fechada, imutável, linear e seqüencial, mas modificável, em mutação, na medida em que responde às solicitações dos sujeitos da experiência. (Silva, 2000)

Figura 5 — Montagem de conexões[4]

Assumir o hipertexto como elemento de ampliação desmedida das possibilidades de inserção ao texto é reconhecer a escrita não seqüencial, mas uma montagem de conexões, substituindo a prática do transmissor de saberes para o formulador de problemas, motivador de interrogações e desafios num diálogo entre culturas e gerações denotando nova racionalidade técnica e estímulos perceptivos que ela engendra.

---

4. Obra Plástica (s/d.) de Seizo Vinicius Soares, fotógrafo, pesquisador de imagem como recursos didáticos. FGV e PUC-Campinas, 2004.

Com o desenvolvimento e ampliação dos usos da tecnologia de informação e comunicação, um novo paradigma de educação e ensino passa a ocupar o debate educacional: Educação ou *Ensino à Distância*. O adjetivo presencial, a distância ou virtual, passa a ser necessário para caracterizar o tipo de ensino a partir da existência de novas possibilidades de aprendizagem no universo das telecomunicações e seus multimeios. Quando mediada (o) por computador, difere dos tradicionais modelos de ensino que incluem a transmissão de conteúdos e técnicas com o objetivo de produzir conhecimento, através de programas radiofônicos, gravações e cassete, correspondências impressas veiculadas nos Correios e Telégrafos, e os mais recentes programas de televisão, disseminados em tele-salas acompanhadas de material apostilado e monitoria.

O uso do computador na educação ou ensino à distância, torna-se diferenciado pela existência da Internet e de softwares que possibilitam a publicação de conteúdos permeados de atividades interativas em que o aluno assume postura participativa e socializada com os colegas, professor, ou tutor e o próprio ambiente virtual que, para Lévy (2000), não substitui o real, mas multiplica as oportunidades de atualizá-lo.

Estes conceitos são referência para as análises do uso e aplicação de tecnologia na educação à distância da população excluída, declarada como prática pelo Terceiro Setor, subsidiando análises sobre novos paradigmas da formação necessária para o mundo atual. Além de desencadear discussões sobre tecnologias educacionais e inclusão social como contribuição para uma crítica pedagógica dos ambientes gerenciadores de aprendizagens.

Terceiro Setor contextualizado e problematizado

Situar o Terceiro Setor exige, ainda que de forma breve, retomar os conceitos de público e privado que remontam os debates filosóficos da Grécia Clássica, as discussões sobre interesse comum e ordem social orientada para o bem comum. As primeiras formulações do direito romano separam lei pública de lei privada. (Thompson, 2002) No entanto:

À medida que as antigas instituições cediam lugar às novas, os termos "público" e "privado" começaram a ser usados com sentidos novos e, até certo ponto, redefinidos pelas mudanças no campo objetivo a que eles se referiam. (Thompson, 2002: 110)

Para o autor, é possível distinguir, no desenvolvimento das sociedades ocidentais desde o último período medieval, dois sentidos dessa dicotomia que destacam formas importantes do termo usadas desde o final da Idade Média. O primeiro tem a ver com o poder político exercido pelo estado soberano, de um lado, e, de outro, o poder econômico e das relações pessoais que fugiam ao controle do primeiro. Isso fez com que, em meados do século XVI, se definisse por "público" a atividade relativa ao estado, e "privado" as atividades excluídas daquela. Os primeiros pensadores modernos utilizaram, de formas incompatíveis, o termo "sociedade civil" para caracterizar o direito privado. Foi uma certa interpretação da filosofia do direito de Hegel que atribuiu ao termo o sentido que utilizamos ainda hoje, ou seja: organizações e classes reguladas pelo direito civil e formalmente distintas do estado.

Fernandes (1994) destaca que, a nova ordem social é constituída dos setores Estatais, Privados — Mercado, e o Público Não-estatal, constituído de ONGs, Organizações Não-Governamentais que, em seu conjunto, integram o Terceiro Setor.

No Brasil, as ações cidadãs das ONGs marcam os anos 1970 e 1980, no sentido de conter a repressão militar nos movimentos de resistência ao regime ditatorial. Nos anos 1990, os processos de redemocratização ocuparam as ações das ONGs na América Latina e no Brasil, sofrendo mudanças na gestão e financiamento dos projetos sociais, alterando o modelo de instituição até então em curso. A onda movida pelo desenvolvimento tecnológico modifica o cenário então vigente, cedendo lugar às empresas cidadãs, voltadas para as questões de ordem social em lugar dos lucros. Abrem-se, assim, espaços públicos não-estatais, as ONGs, num novo tipo de participação política e formação de associativismo.

Os países em desenvolvimento, ou dependentes econômica e culturalmente, tornam-se alvo das análises do Banco Mundial, que tem a educação e o desenvolvimento como solução para a inserção do Brasil no cenário econômico mundial; dado este que contribui para que projetos sociais e educacionais ocupem os objetivos das ONGs, ampliem seus planos de ação social e educacional, diversificando os movimentos sociais, fortalecendo o Terceiro Setor.

A Educação Não-Formal, por sua vez, caracterizada por ações sociais voltadas, na sua maioria, para a integração ou inclusão social, ultrapassa a formação escolar oficial, indo em direção a um patamar de emancipação e cidadania, buscando uma compreensão crítica dos processos sociais, suas múltiplas leituras e ideologias ocultadas.

Nos anos 1990 a educação não-formal configurou-se, também, pelas práticas advindas das exigências do mundo do trabalho e da substituição dos processos por tecnologias. Neste contexto, a aprendizagem de habilidades não escolares em processos não-formais consolidou grande parte das práticas de educação não-formal, incorporadas à atuação das ONGs e do Terceiro Setor.

Informação e comunicação nas malhas do ciberespaço

As novas tecnologias eletrônicas de informação e comunicação, responsáveis em grande parte, pela substituição de processos produtivos, demandando aprendizagens não-formais, resultam na existência de um ciberespaço como uma tecelagem de idéias que ultrapassam o pensamento linear, situam múltiplas dimensões, transgredindo fronteiras, conectando saberes, objetivando a hipertextualidade contemporânea.

A idéia de rede não é nova. O cérebro humano funciona em conexões feitas a partir de associações estabelecidas e organizadas por células nervosas, no universo de experiências, informações e conhecimentos nele registrados.

A presença de um ciberespaço que aloja informações das mais diversas ordens, passíveis de serem acessadas através das tecnologias informacionais, coloca em xeque a educação escolar formal e seu domínio, durante quase dois séculos, das fontes e da transmissão de conhecimentos.

Um computador com seus conteúdos informacionais ligado a outro e outro em conexões hipertextuais compõe a rede de informação, Internet, que numa conversão de sentidos, flui e se dinamiza, produzindo a inteligência coletiva composta de uma multiplicidade de culturas e idéias que constituem o tecido ciberespaço.

Esses processos comunicacionais e cognitivos interrogam a educação formal e a sala de aula, sobre o ensino e a formação educacional, num tempo em que a existência do espaço feito de muitas falas, conhecimento, construção coletiva e interpretações partilhadas podem se efetivar com o diálogo no ciberespaço.

Tais posições situam a sociedade atual em constante mudança nas relações dos indivíduos e grupos sociais, promovendo experiências de comunicação e aprendizagens que ultrapassam os limites do tempo e espaço e geram questionamentos sobre esse relacionamento virtual à distância, cada vez mais recorrente no cotidiano profissional e cultural.

Considerando a complexidade cultural, política e econômica brasileira, sua extensão territorial e o acesso das camadas pobres à escolaridade, os novos dispositivos e mídias podem potencializar práticas inclusivas, porque sociabilizadoras do saber, reduzindo a exclusão através de atividades que:

> ... facilitam o desenvolvimento da autonomia, da solidariedade, da criatividade, da cooperação e da parceria, como ferramentas que permitem a criação de ambientes virtuais, onde também é possível vivenciar valores humanos associados aos processos de construção de conhecimento. (Moraes, 2002: 7)

Essa afirmação revela a existência de um novo referencial dos estudos sobre paradigmas educacionais emergentes. São conceitos de ciberespaço, auto-aprendizagens, Educação a distância, e um universo multidisciplinar, cujas ferramentas de comunicação da informação revelam o potencial de colaborações sociais abertas à investigação, sobretudo daquelas instituições representativas do universo científico, político e social.

Esses conceitos se ajustam aos contextos políticos e culturais neste milênio caracterizado pelo despertar das guerras digitais, das clonagens e trangenias, e dos apelos à solidariedade e paz mundial.

O Terceiro Setor brasileiro, inserido neste contexto, sofreu transformações das mais diversas ordens, motivadas pelas alterações da sociedade civil, sobretudo na organização popular, mobilizações, formas de participações, constituindo uma parte das novas políticas sociais dos anos 1990. Embora o ponto comum de todas as ONGs seja a bandeira da cidadania, para Gohn:

> ... o Terceiro Setor apresenta-se com múltiplas facetas. É contraditório, pois inclui tanto entidades progressistas como conservadoras. Abrange programas e projetos que objetivam tanto a emancipação dos setores populares e a construção de uma sociedade mais justa, (...) como programas meramente assistenciais, compensatórios, estruturados segundo ações estratégico-racionais pautadas pela lógica do mercado. (Gohn, 2000: 60)

Para reforçar o pensamento de Gohn, buscamos Frigotto, que destaca a fragmentação do sistema educacional e dos processos de conhecimento resultante dos conceitos de autonomia, descentralização, flexibilidade, individualização, poder local, entre outros, que se traduzem em políticas subsidiadas do Estado ao capital privado, escolas comunitárias, escolas cooperativas, adoção de escolas públicas por empresas:

> ...surgimento de centenas de Organizações Não-Governamentais — ONGs, que disputam o fundo público, em sua grande maioria, para autopagamento. Esta pulverização de ONGs tem um duplo efeito perverso: ofusca e compromete as tradicionais ONGs que têm, efetivamente, um trabalho social comprovado e passam a falsa idéia que se constituem em alternativa democrática e eficiente ao Estado (Frigotto, 1995: 87-88).

Os autores, em suas reflexões, mostram as duas possíveis faces das práticas das ONGs. Por outro lado, novas perspectivas de ações em nome da igualdade democrática se projetam no mundo. O marco dessa vontade é o Fórum Social Mundial que aconteceu pela quarta vez no Brasil. Além disso, o governo brasileiro empossado em 2003 privilegia, em sua pauta de ações, a questão da fome como tema da política social. A educação, um dos aspectos preponderantes nas discussões sobre cidadania e inclusão social, é destacada como missão para os próximos quatro anos e inclui nela incentivo ao ensino à distância.

O ano de 2007 é o prazo que completa a década da educação, meta imposta pelo governo brasileiro na gestão iniciada em 1995, que incentivou, entre outros fatores, as políticas de aceleração[5] e nivelamento da escolaridade em processo nos últimos cinco anos em todo o país, como remédio para aliviar o impacto dos baixos índices de escolaridade do povo brasileiro revelado nas pesquisas do IBGE e do MEC. Esse dado é utilizado também para explicar a lentidão do processo de inserção do Brasil, no cenário internacional, como país de desenvolvimento cultural e econômico, em descompasso com a meta de globalização do mercado mundial, em razão do analfabetismo, o elemento tido como principal no atraso do ritmo desse processo.

Essa reflexão permite retomar, na história da educação, o analfabetismo como ponto de ouro das discussões sobre desenvolvimento econômico e dependência cultural, a atravessar todos os períodos das políticas educacionais brasileiras.

A expansão e a diversificação dos meios de comunicação e de acesso à informação, acumuladas na última década, oferecem ambientes virtuais que fazem emergir novos paradigmas de educação e aprendizagem, aquecendo o debate sobre a questão social e a cidadania e a luta por reconhecimento expressa nos movimentos sociais.

Por outro lado, a junção do computador e das redes de comunicação — Internet — resultou na existência de um ciberespaço que desempenha

---

5. As políticas de aceleração e nivelamento de aprendizagem foram objetos de pesquisa e analisados em nossa obra "Educação e Integração Social", publicada pela Alínea (2003). Destacamos nela a problemática da qualidade de ensino e aprendizagem revertida no despreparo do aluno egresso do Ensino Fundamental para prosseguir no Ensino Médio ou profissionalizar-se nos cursos técnicos. Esse dado recai sobre as análises da formação do professor e remonta críticas sobre os projetos de formação do professor para as séries iniciais, como o caso do Projeto CEFAM que sem ter sido avaliado em seus objetivos e ações de mais de duas décadas, é encerrado em 2005 com a última turma de formandos. Fatos que combinam com o ideal de aceleração das políticas educacionais desde início do século no Brasil.

papel capital nas mudanças em curso, através da digitalização de mensagens e informações, que viabilizam a existência de comunidades e empresas virtuais, brechas para uma democracia virtual, novos conceitos e novas relações. Isso tem gerado questionamentos sobre o movimento de virtualização geral, causando inquietação em torno de uma espécie de apocalipse cultural, contexto em que se confirma a presença do Terceiro Setor:

> ... de iniciativas privadas que não visam lucro; iniciativas na esfera pública que não são feitas pelo Estado. Nem empresa, nem governo, mas sim cidadãos participando, de modo espontâneo e voluntário, em um sem número de ações que visam ao interesse comum. (Fernandez, 1994: 11)

Para ilustrar mais a designação sobre público e privado, distinção que tem uma longa história, originada, como já dissemos antes, no direito romano, sobre a separação de lei pública e lei privada e de concepção romana de *res publica*, para Thompson (2002), à medida que as antigas instituições cediam lugar às novas, também os termos público e privado passavam a ser empregados com novos sentidos, motivados pelas mudanças no campo onde ocorrem. Para o autor:

> Entre os domínios público e privado, várias organizações intermediárias surgiram nestes últimos anos. Estas organizações não pertencem ao estado e nem se situam inteiramente dentro do domínio privado. Elas incluem, por exemplo, as instituições não lucrativas de beneficência e caridade; associações de grupos de pressão que procuram articular pontos de vista particulares; organizações econômicas administradas por cooperativas... são juridicamente e operacionalmente distintas das organizações econômicas de fins lucrativos. (Thompson, 2002: 111)

Coexistindo no interior de cada sociedade, objetivando iniciativas que afirmem o valor da solidariedade como fator de democratização, promoção da cidadania e da sociedade civil, o Terceiro Setor, entre outras ações, busca definir diretrizes de trabalho que geram oportunidades de inclusão e participação social.

Sobre educação, sociedade e tecnologia

O poder da mídia, neste final de século, seu uso e literatura é tema de vários pesquisadores das mais diversas áreas das Ciências Sociais e alguns das Ciências Tecnológicas e dos Multimeios. Destacamos alguns deles que referenciam nosso estudo. É o caso de Gohn (2000) que em *Mídia e Terceiro Setor, Impactos sobre o futuro das cidades e do campo*, nos propõe refletir sobre o desenvolvimento das redes de comunicação, rompendo barreiras territoriais, imprimindo uma cultura informacional sem limites, regras ou padrão, caracterizando o acesso desmedido de dados empregados dispostos para o acesso e uso com diversos fins.

Pressupostos teóricos, filosóficos e sociais reforçam nossos objetivos de aprofundar e sistematizar a discussão numa abordagem crítica sobre mudanças e novos paradigmas. Maria Cândida Moraes, que muito tem produzido sobre educação e novos ambientes de aprendizagem, indica-nos a necessidade de mudanças no sistema educacional quanto às metodologias de ensino e aprendizagem ainda amarradas a programas curriculares fragmentados e estanques, revelando o descompasso entre o desenvolvimento científico tecnológico, os meios de comunicação e a educação.

Edgar Morin (2000), autor de estudos sociológicos, alerta sobre os saberes necessários à educação do futuro, deixando nas entrelinhas prospecções de uma formação sem fronteiras para o conhecimento, o que em muito se identifica com os pressupostos do ensino e aprendizagens no ciberespaço. A educação para a imprevisibilidade e os impactos das mudanças movidas pelos avanços tecnológicos, sugeridos pelo autor, é parte de objetivos educacionais que se distanciam da educação escolar formal, da mesma forma que se aproximam, em vários aspectos, da Educação Não-Formal e das experiências de auto-aprendizagem.

Marshall Berman (1987), ao analisar em seus estudos os processos sociais que dão vida ao turbilhão que caracteriza o século XX num perpétuo estado de vir a ser, discute conceitos que encarnam a aventura da modernidade. Sua literatura científica e filosófica acena com a afirmação de Marx, de uma realidade onde *tudo o que é sólido desmancha no ar* e nos dá a caracterizar, nos tempos atuais, a volatilidade de processos e de informações, com a qual ele desenvolve seu tratado sobre a Modernidade. Distingue o homem desacomodado e a metamorfose dos valores numa nova cultura, em que as contradições do capitalismo inauguram novas fontes de preservação e fortalecimento do capital, deixando na humanidade as marcas de autodestruição inovadora, abandonando velhos hábitos, assumindo postura dialética diante do mundo móvel em que nos encontramos neste início do século XXI.

Para Moran (2003), a construção do conhecimento na sociedade da informação retoma a discussão sobre cognição e processamento de informações ressignificando o processo de compreender todas as dimensões da realidade de forma ampla e integral. Para ele, a comunicação é "linkada" através de nós intertextuais que promovem a leitura em ritmo de "ondas", em que uma leva à outra, juntando novas significações, sem seguir uma única trilha previsível, seqüencial, mas ramificando-se em diversos caminhos possíveis.

De um outro ângulo, tomando as lutas e os movimentos sociais na busca de identidades culturais excluídas dos modelos e políticas dominantes, há que se considerar a existência de um espaço de organização e lutas, livre de modelos e sistemas hierárquicos disciplinadores, pré-estabelecidos, padronizados para o controle e dominação, de tal sorte que se possa identificar as possibilidades de uma nova forma de autonomia do sujeito individual e coletivo, num âmbito mais amplo, através das redes de comunicação da Internet.

No entanto, para que haja a apropriação cidadã desses dispositivos pelos sujeitos de fato, é preciso que as instituições declaradas como preocupadas com a integração social e inclusão dos indivíduos à condição de cidadania utilizem mecanismos de democratização do ferramental tecnológico.

Retomando a hipótese, a Educação Não-Formal ganha força com o emprego desses dispositivos de comunicação e informação, uma vez que rompe com mais uma formalidade que é a do tempo e espaço, do encontro em lugar físico, sala de reunião, galpão ou outro. Disseminados no universo, tais ambientes extrapolam limites fronteirísticos e legislações caracterizando o ciberespaço, instaurando uma discussão que remete a outros espaços de organização política, inclusive nos ambientes de educação formal.

Em nossas pesquisas, identificamos nas escolas públicas de educação básica a entrada, ainda que lenta e tímida, da tevê e vídeo e mais recentemente de computadores, mostrando que essa semente é fértil e está viva, embora congelada em seu potencial de transformação das relações de aprendizagens numa perspectiva curricular multidisciplinar, em curto prazo.

Embora não faça parte da rotina de ensino e aprendizagens, tampouco constitua uma prática inserida nos Projetos Pedagógicos, a presença tímida e de funcionamento duvidoso do laboratório de informática marca o presente histórico e acena para mudanças prestes a serem acionadas. Hoje, já se identificam ações de estudantes de ensino médio que pleiteiam a dinamização dos laboratórios da escola, que se encontram fechados, ociosos ou sub-utilizados em razão da falta de uma proposta de uso vinculada ao currículo escolar ou a um Projeto Pedagógico Institucional flexível, contextualizado e renovável. Para Demo,

> Um projeto renovador nega-se a si mesmo, se não se renovar constantemente. (...) uma vez que (...) trata-se da instrumentação pública mais efetiva da cidadania, estratégia fundamental do processo de formação do sujeito histórico competente. (Demo, 1993: 242).

O autor destaca a importância do Projeto Pedagógico para a contextualização da prática educativa no interior da escola formal, o que completamos com a idéia de que só contemplando no pedagógico a produção de conhecimento escolar, tendo nos laboratórios de informática uma referência didática de estudos e aprendizagens, não basta. É preciso que a formação do especialista de educação e do professor, na pedagogia e nas licenciaturas, sejam revistas no sentido de se preparar para elaborar e desenvolver o projeto pedagógico com vistas aos novos ambientes de aprendizagens presentes no ciberespaço.

Por outro lado, há também que se considerar com criticidade o enorme interesse da indústria de *software* no mercado brasileiro, como potencial de consumo. Interesse que se manifesta de maneira incisiva, para não dizer agressiva, com proposta de treinamento de professores tanto na rede pública de ensino como na particular, com a oferta de certificações reconhecidas e regulamentação de laboratórios institucionais. A contrapartida é o treinamento oferecido em pacotes, munidos de apostilas e CD-ROM para formação de multiplicadores do uso de sistemas e programas pré-definidos no contrato.

Em nossa leitura, essa condição representa uma armadilha tanto para a formação do professor quanto para o sistema educacional a que se submete, sob outros moldes, porém com os mesmos objetivos dos antigos acordos governamentais e das políticas do sistema educacional, agora mais subliminar e sutil, pregando a elevação da qualidade de ensino pelas tecnologias e consumo acrítico delas.

Como se não bastassem os modelos de ensino baseado em multiplicadores, o que nega a formação reflexiva, os conteúdos dos treinamentos desenvolvidos para professores, pelas agências credenciadas[6] se articulam a partir dos Parâmetros Curriculares Nacionais, escamoteando a ideologia do mercado sob a máscara da realidade brasileira confirmada no uso dos PCNs, para compor os módulos específicos do ensino de história, geografia, matemática etc.

Os objetivos declarados para a realização da parceria com a instituição, ensinar ao professor conhecimentos básicos sobre como se preparam aulas ou estudos, escondem a imposição de um modelo de sistema e *software* que poderá se tornar a nova dependência da escola e dos professores, concorrendo com outras já existentes.

Esta pesquisa mostrou-nos que projetos e parcerias como estas se inserem também nas práticas das ONGs, e se identificam como prática não-formal dentro do espaço escolar formal. Elas ocorrem com o consentimento e são endereçadas pelo próprio sistema educacional. Um exemplo é o caso do CONSED — Conselho Nacional de Secretários de Educação — que,

---

6. O convênio Intel e Microsoft estabelece no Estado de São Paulo e Brasil, parcerias como, por exemplo, a Fundação Bradesco, para formação de multiplicadores do uso daquele ferramental, tendo, nas redes públicas e privadas de ensino, e nos professores, o campo de atuação e sujeitos do treinamento.

através do fórum de Secretários Estaduais de Educação, identificam nas escolas as demandas por capacitação de professores e as colocam em contato com as parcerias.

A educação não-formal, em sua origem, trazia os movimentos sociais, populares, de comunidades e minorias como seu foco principal, apontando elementos que, pela não-formalidade, se constituem a partir de motivações, criatividade, liberdade e lideranças pontuais. Supõe-se que o sujeito que decide sobre o que aprender ou socializar, de qual grupo de discussão participar, ou que assunto pesquisar na Internet, por exemplo, não só desfrute dessa liberdade, motivado pela necessidade ou curiosidade, como potencialize o espírito de liderança e organização político-cultural. Essa crença nos revela a expansão e a diversificação das práticas e objetivos da educação não-formal com a perspectiva dos ambientes e plataformas tecnológicas, desde que movidas pelo uso crítico do ferramental.

As práticas educativas, dirigidas à população em nome da inclusão e cidadania, disponibilizadas em ambientes que caracterizam o ciberespaço, constituído das novas tecnologias de informação e comunicação em redes de computadores interligadas, sugerem o questionamento quanto à sua eficácia, ao mesmo tempo em que possibilitam conhecer o uso mercadológico da imagem do Terceiro Setor, protegido sob o manto da aplicação de tecnologia e do discurso da inclusão.

Os projetos de ensino à distância, desenvolvidos em nome da emancipação político-social dos indivíduos, pelo Terceiro Setor, representantes da sociedade civil em Organizações, Movimentos Sociais, ONGs, Associações Comunitárias, Entidades Assistenciais e Filantrópicas, Fundações etc. que atuam no Brasil, correspondem a objetivos potenciais de pesquisa e análise crítica quanto ao seu caráter educativo e pedagógico inclusivo.

A intensa e veloz profusão de dispositivos abertos no campo da formação continuada para responder aos chamados da sociedade do conhecimento, as perspectivas da educação distribuída ou ensino à distância, rompendo barreiras do tempo e espaço, promovem elementos problematizadores das práticas educativas em seu potencial pedagógico, no ferramental tecnológico utilizado, e na construção de conhecimentos capazes de transformar a realidade social.

O Terceiro Setor tem, entre outros objetivos da prática social, desenvolver projetos de educação via *web*, com a intenção de oferecer às pessoas oportunidades de aprender novas funções ou técnicas que possam incluí-las ou reintegrá-las à sociedade produtiva. Para isso, utiliza a Internet em seus mecanismos de comunicação, para oferecer cursos de formação à população necessitada de novas aprendizagens que ampliem seu conhecimento e condição de gerir a própria renda, reduzindo os impactos da desfiliação causados pelo desemprego, que caracteriza a nova questão social no mundo e no Brasil.

As perspectivas abertas pelo desenvolvimento das tecnologias de informação e comunicação na Internet otimizam a demanda por educação continuada, identificada nas pessoas ou grupos localizados em regiões menos propícias às oportunidades de atualização de conhecimento, viabilizando, pela *web*, o acesso a cursos e a novas habilitações.

Ensino à distância, Terceiro Setor e a luta por reconhecimento social

A nova dimensão das possibilidades tecnológicas digitais oferecem, nos ambientes da Internet, informações que, sistematizadas na pesquisa, contribuem para uma análise crítica de seus conteúdos e desdobramentos sociais, tendo informações do Terceiro Setor e suas instituições que, no período de março de 2003 a março de 2004, mantiveram dados sobre as práticas educativas que desenvolvem em nome da cidadania e do reconhecimento social e que analisamos neste estudo.

Dessas práticas, as oferecidas à distância, via *web*, caracterizam nosso objeto científico, bem como seu potencial pedagógico, os objetivos, os conteúdos selecionados para o ensino, as metodologias que utilizam e a avaliação dos processos de aprendizagem.

O ensino e a aprendizagem realizados distantes da sala de aula convencional, em ambientes virtuais, apresentam características metodológicas próprias, uma vez que dispõem de um ferramental de interatividade que compensa a ausência do professor, do livro, do ambiente pedagógico, da sala de aula tradicional e que devem ser explorados didaticamente, a fim de assegurar os objetivos educacionais previstos. Além disso, espera-se promover, no educando, atitudes de pesquisa e produção de conhecimento crítico.

Há que se ressaltar também que a auto-aprendizagem requer maturidade e foco no que se quer aprender, pois o ambiente virtual é potencial de situações que desviam a atenção, remetem a um universo entrecortado e fragmentado de informação, de teor nem sempre confiável. Além disso, as condições de aprendizagem e disciplina, necessárias ao indivíduo que opta por essa forma de estudo, representam o elemento principal quando a prática educativa visa à inclusão social.

Ao declarar objetivos educacionais, capazes de promover a inclusão social através de aprendizagens de novas habilidades profissionais, a instituição deve ter conhecimento não só da realidade do público-alvo, mas do mercado de trabalho que os absorverá.

Uma pesquisa do potencial pedagógico das práticas educativas realizadas com o apoio de tecnologias de informação e comunicação requer bases teóricas de visão crítica, para o desenvolvimento das análises da comunicação e do ferramental tecnológico utilizado, bem como dos objetivos educacionais. Reconhecemos na Teoria Crítica sua contribuição, nesta abordagem que fazemos no próximo capítulo, compreendendo-a como vertente original do pensamento teórico-prático, uma vez que todo estudo do fenômeno social, este inclusive, requer ultrapassar a descrição da sociedade em seu sistema e funcionamento, captar e compreender a sociedade em seu conjunto para desvelar as possibilidades inscritas na realidade social. Para isso torna-se imperioso apreender o comportamento crítico do conhecimento produzido e a realidade social que esse conhecimento pretende apreender.

Para identificar o potencial de educação via *web* deve-se centrar as análises no ensino oferecido, no sujeito da aprendizagem, na motivação que promove e nos possíveis resultados da experiência de formação a partir de ambientes tecnológicos para o crescimento e participação social da comunidade de alunos.

O conceito de reconhecimento que Axel Honneth desenvolve no percurso iniciado e alimentado na Teoria Crítica nos ajuda a indagar sobre o potencial de inclusão e cidadania presente nas tecnologias educativas, por entendermos que o reconhecimento é a busca que antecede a conquista da cidadania e é com essa referência que desenvolvemos nossa reflexão. Partimos também do pressuposto de que o potencial pedagógico de uma prática educativa se revela pela sua capacidade de comunicação e aplicação de ferramentais integrados do ponto de vista dos objetivos, conteúdos e metodologias de ensino e avaliação para a aprendizagem e conseqüente transformação social do sujeito. Para que isso ocorra, é necessário compreender o contexto em que se oferece a prática educativa, sobretudo dos sujeitos a quem ela se destina e o sentimento que os move na busca. Ou seja, reconhecer não apenas a falta de oportunidades educacionais para uma inclusão de fato, mas identificar por qual reconhecimento lutam os sujeitos que as buscam.

Descrever a sociedade neste início de século XXI, na tentativa de contextualizar a problemática da formação escolar, educacional e dos descompassos verificados entre o desenvolvimento tecnológico e os sistemas educacionais, no mundo e no Brasil, seria retomar outros tantos e competentes escritos sobre a exclusão social. Esta estaria caracterizada pelas transformações nos processos produtivos operadas a partir do desenvolvimento e da complexidade das tecnologias eletrônica e informática, do crescimento populacional, da urbanização acelerada e descontrolada, de um sistema de saúde e educação defasados em seu potencial de atendimento à população em geral, da ampliação das diferenças sociais e, outros fatores que contribuem para o fortalecimento de um Terceiro Setor em nome da ajuda social.

Por outro lado, analisar as práticas educativas do Terceiro Setor exige o desenvolvimento de uma visão crítica capaz de captar na sua subjetividade o potencial e os efeitos da transformação social propagada e pretendida.

Dentre os teóricos brasileiros ocupados com essas análises do Terceiro Setor, destacamos Gohn que, na última década dos anos 1990 e primeira dos anos 2000, trouxe inúmeras contribuições para um estudo crítico e, sobretudo, lúcido em relação aos movimentos sociais em geral.

Partimos da idéia de que o Terceiro Setor traz, entre seus objetivos, a organização política das comunidades e minorias, como remédio contra injustiças sociais; que certos projetos desenvolvidos, tendo por base novos ambientes educacionais proporcionados pela *web*, sejam capazes de promover ensino e aprendizagem, e que a formação continuada melhore as condições de integração social do indivíduo na sociedade capitalista, onde a competição inclui atualização, escolaridade e flexibilização nas habilidades. Não queremos polemizar essa concepção, o que não significa que concordamos plenamente com ela. No entanto, resta analisar criticamente como se dá esse processo do ponto de vista das suas potencialidades quanto à construção do conhecimento novo, via *web*, no sentido de avançar a luta por reconhecimento da população excluída.

Esse caráter do Terceiro Setor, definido em suas intenções como de fins sociais, presente na tecedura do ciberespaço através de seus *websites* divulgadores de suas práticas educativas, é nosso objeto de estudo, e sobre ele indagamos a respeito do potencial pedagógico que possui em relação à capacidade para suprir, com o conhecimento que falta, a formação dos indivíduos que se encontram embrenhados na luta por reconhecimento.

No próximo capítulo, desenvolvemos o referencial teórico, elegendo Axel Honneth e seus estudos da Teoria Crítica, reportando a Hegel e a Habermas, entre outros, subsídios de nossas reflexões.

Capítulo II
Reconhecimento: o arcabouço da integração social

Em tempos de transição intensa, a exclusão de uns em detrimento da hegemonia e interesses de outros caracteriza nova questão social, exigindo estudos investigativos em cada contexto histórico, político e econômico da sociedade moderna, para que se possam compreender os mecanismos de mudanças que se tornam matrizes das contradições que sinalizam novos paradigmas de exclusão.

Abrigamos nossa reflexão no movimento iniciado por Horkheimer (1937) para o desenvolvimento da Teoria Crítica, que somou no seu percurso as idéias de Theodor W. Adorno (1958), e Jurgen Habermas (década de 1960), seus principais representantes, contextualizando suas formulações, tornando-a uma vertente teórica do pensamento crítico que cumpre papel importante para análise da práxis educativa.

Dentre as idéias que buscamos para iluminar nossa pesquisa, estão as de Axel Honneth, assistente de Jurgen Habermas no Instituto de Filosofia da Universidade de Frankfurt, de 1984 a 1990, desenvolvendo estudos que se resumiram na obra *Luta por Reconhecimento, A gramática moral dos conflitos sociais*, publicada em 1992, num percurso que o colocou em 2002 na Direção do Instituto de Pesquisa Social, integrando-se na tradição da Teoria Crítica, dando ao seu trabalho elementos que apontam para a evolução do pensamento dos que o antecederam. A obra de Honneth (2003) teve sua primeira edição publicada no Brasil em 2003, pela Editora 34. É nesta obra que nos fundamentamos sobre a luta por reconhecimento e a educação.

O fio condutor de Honneth é o processo de construção social da identidade pessoal e coletiva na luta pelo reconhecimento que enfoca o conflito como crítica entre sistema e a suposta lógica do acordo, entendimento e cooperação, e a realidade da vida.

Compreender o percurso do autor requer retomar a obra de Habermas sobre a Dialética do Esclarecimento, na qual revisa os conceitos da Teoria Crítica frente à realidade atual, considerando aspectos decisivos das relações sociais. Nesse estudo Habermas define a progressiva diferenciação da razão humana em dois elementos, que são a racionalidade instrumental e a comunicativa, sendo que ambas emanam de duas formas de ação humana.

A racionalidade instrumental é orientada para o êxito junto aos meios para atingir fins determinados previamente, ou seja, o trabalho, as ações dirigidas à dominação da natureza, a organização da sociedade para a produção da vida e a reprodução material da sociedade. Podemos dizer que a crença na educação escolar formal como passaporte para o indivíduo ingressar como cidadão na sociedade produtiva se enquadra no racionalismo instrumental.

A racionalidade comunicativa é orientada para o entendimento e não para a manipulação de objetos, pessoas, no mundo, pois permite a reprodução simbólica da sociedade. A educação libertadora, difundida por Paulo Freire em seu pensamento pedagógico, político e social, pode-se dizer que assume o caráter da racionalidade comunicativa.

Ao distinguir sistema e mundo da vida, Habermas destaca a exigência de um conceito de racionalidade mais complexo, que torna a racionalidade instrumental limitada, sem, no entanto, obscurecer as estruturas comunicativas presentes nas relações sociais. A sociedade apresenta-se em dois níveis: o da produção material, obtida por mecanismos de coordenação das ações instrumentais pelo domínio do sistema, e as reproduções simbólicas, obtidas pelos mecanismos comunicativos de coordenação da ação lógica que caracteriza o mundo da vida.

Assim, o que determina a forma social da modernidade é a orientação da ação para o entendimento dos processos de reprodução cultural que permite ao indivíduo interpretar o mundo no interior das próprias instituições em que se encontra, onde aprende e constitui-se como pessoa.

A realidade das relações sociais contemporâneas guarda então, segundo Habermas, a racionalidade comunicativa — paradigma que habita a noção de mimese de Adorno e Horkheimer, e se torna pista para Honneth trilhar, retomando outros passos como os do jovem Hegel. Honneth tenta vislumbrar uma nova perspectiva de caminhos de análise até então ocultos e inexplorados.

Sistema e mundo real

Honneth buscou alargar o conceito de racionalidade e de ação social de Habermas, evidenciando o que ficou por enfrentar da vertente que coloca uma concepção de sociedade com dois pólos: sistema e mundo da vida, e nada a mediar entre elas, ou seja, as estruturas econômicas da sociedade determinantes e imperativas e a socialização do indivíduo, deixando de considerar a ação social como mediadora, o que o autor chama de "*déficit* sociológico" da Teoria Crítica.

O "*déficit* sociológico" se mostra exatamente na distinção entre sistema e mundo da vida, e suas ambigüidades e discrepâncias que movem a luta e o conflito social. Essa ambigüidade se revela na contradição entre os domínios sociais de ações diversas. Além disso, mostra-se incapaz de admitir que o sistema e sua lógica instrumental é resultante dos conflitos sociais que, por sua vez, são capazes de moldá-lo a partir da correlação de forças políticas e sociais implícitas.

A realidade social do conflito passa a ocupar, para Honneth, um segundo plano, privilegiando as estruturas comunicativas na luta por reconhecimento — elemento no qual se move e que constitui a subjetividade e a identidade individual e coletiva abstraída da Teoria Crítica, tornando-a desencarnada, defendendo que a base da interação é o conflito, e sua gramática é justamente a luta por reconhecimento, ou seja, a lógica de como se relacionam interação e conflito.

Honneth parte dos conflitos e suas configurações sociais para buscar suas lógicas, construindo então uma Teoria Social mais próxima das Ciências Humanas e de suas práticas empíricas. Busca em Hegel os elementos de preocupação com o desenvolvimento do indivíduo como forma de aproximar a "luta por reconhecimento" da "gramática moral dos conflitos sociais", ou seja, da compreensão da lógica dessa luta.

É a experiência do desrespeito social, do ataque à identidade pessoal ou coletiva que geram conflitos capazes de desencadear ações que objetivam restaurar as relações de reconhecimento num nível evolutivo superior, trazendo em sua essência a forma moral que impulsiona os desenvolvimentos sociais. O ponto de partida é a reconstrução das experiências de desrespeito social em sua diversidade, para a busca de reconhecimento, o que passa pela esfera emotiva — que dá ao indivíduo sentimento de autoconfiança e busca de realização pessoal — pela esfera da estima social ou respeito solidário, pela esfera jurídico-moral em que a pessoa é reconhecida como autônoma e íntegra, proporcionando auto-respeito.

Honneth aposta na luta pelo reconhecimento capaz de ganhar contornos de um conflito social quando articuladas a esfera da estima social e a esfera jurídico-moral, por abarcarem elementos como privação de direitos, degradação de formas de vida, desrespeitos que, na dimensão emotiva, não teriam possibilidades de caracterizar conflito social.

São três as formas de reconhecimento, matriz do paradigma em questão: amor, direito e estima, que correspondem a outras três formas de desrespeito e cuja experiência pode desencadear o conflito social como motivação.

Para o autor, o reconhecimento pelo amor é fruto de uma experiência pessoal de aceitação e admiração pelo outro, que reverte em reconhecimento de modo mais particular. Outra forma de reconhecimento é o direito constituído dos direitos sociais e humanos em geral. Destes, a educação escolar como direito social impera em nosso interesse.

No caso da estima, ela decorre das formas anteriores e se revela nas atitudes e comportamentos sociais. Influencia na autovalorização do sujeito, revertendo para si mesmo e para o grupo social a que pertence em conduta que revela o caráter de estima, aceitação recíproca e reconhecimento.

Figura 6

Na escola tradicional, a relação pedagógica disciplinadora trazia, entre os valores coletivos e individuais, gestos da comunicação para autorização do professor ou ainda como manifestação de presença física em classe. O ato de levantar a mão poderia também significar estar pronto para responder à pergunta do professor ou para ir à lousa. São experiências comuns vivenciadas sob o sentimento de avaliação escolar.

A experiência escolar, que ilustramos com o desafio da avaliação que visa medir a aprendizagem (como se fosse possível medi-la), expressa essa necessidade de reconhecimento não apenas pelo acesso, mas pelo sucesso na vida escolar. O medo alimentado pelo sistema tradicional de avaliação, por mais de um século, ameaçou a conquista desse reconhecimento por meio de exclusão pelo fracasso e outras segregações próprias da reprovação.

O sentimento de auto-aceitação expressa coletivamente, pela manifestação de liberdade de si mesmo e auto-estima, do conhecimento e cultura que carrega, incluindo a admiração pelo próprio ser que envolve corpo e mente livre de preconceitos, modelos e modismos pré-definidos externamente e por interesses dominantes caracteriza a estima. Escolhemos retratá-la pela imagem de brasileiros que posaram nus para uma instalação performática da XXVI Bienal de Artes Plásticas de São Paulo, em 2002, numa adesão espontânea pela exposição do nu.

O anúncio sobre a performance a ser instalada pelo fotógrafo participante da XXVI Bienal de Artes Plásticas de 2002 em São Paulo foi acatado por inúmeras pessoas desejosas de se tornarem figurantes personagens da obra viva. O despojamento de tirar as vestes e caminhar livremente entre os demais, transmitia, entre tantos outros, o sentimento de estima.

Inserida entre os direitos constitucionais, a educação ganha, desde sua instituição como espaço formal de ensino, *status* de formadora do indivíduo para viver em sociedade. A educação antes restrita à nobreza e ao clero, com a Revolução burguesa passa a representar, sob o lema Educação Direito de Todos e Dever do estado Burguês, direito constitucional.

De lá para cá, a negação do direito à educação caracteriza uma exclusão cujo potencial gera o conflito social, deflagrando os movimentos de lutas sociais daqueles que, mesmo sem terem passado pelos bancos escolares, acumulam experiências significativas e dignas de um reconhecimento que traz na sua essência educação e cidadania.

Figura 7 — Foto divulgada na imprensa por ocasião da XXVI Bienal de Artes Plásticas de São Paulo, em 2002.

Tomar o conceito de Educação na formação ampla do indivíduo, constituída das experiências de aprendizagens e produção/apropriação de conhecimentos, aproxima-nos do reconhecimento dos saberes práticos indispensáveis e potenciais de conhecimento subjetivo, ou seja, das formas como ele está organizado, quem tem e por que tem autoridade para transmiti-lo, constatando a existência de uma política oficial de conhecimento estabelecida nos currículos, ou seja:

> ... Uma política do conhecimento oficial (...) que exprime o conflito em torno daquilo que alguns vêem simplesmente como descrições neutras do mundo e de outros, como concepções de elite que privilegiam determinados grupos e marginalizam outros. (Apple, 2002: 60)

Ao contrário, tomar o conceito de escolarização formal, legislada e pautada em currículo e conhecimento oficial, com os Parâmetros Curriculares Nacionais, por exemplo, como passaporte para a cidadania, afasta-nos das possibilidades de reconhecimento, segundo Honneth, as quais assumimos para nossas análises.

Educação e Aprendizagens: as relações de amor, direito e estima

Dentre as formulações de Hegel sobre o amor, está a que diz que o amor tem que ser concebido como um "ser-si-mesmo em um outro". O que nos interessa aqui não é enveredarmo-nos por uma reflexão sobre teoria psicanalítica das relações afetivas, suas origens, carências e busca de compensações, que o próprio Hegel aprofunda em seus estudos utilizados por Honneth. Nosso interesse em especial está na idéia do amor como relação interativa à qual subjaz um padrão de reconhecimento recíproco (Honneth, 2003: 160), o que favorece e prepara o caminho para a auto-relação, alcançada mutuamente pelos sujeitos, numa confiança em si mesmos e que precede outras formas de reconhecimento recíproco promotoras de atitudes de auto-respeito.

As relações estabelecidas nas experiências de ensino e aprendizagem acumulam teorias pedagógicas, psicológicas de princípios e fundamentos históricos, sociológicos e filosóficos, registradas e sistematizadas nos livros. Os valores epistemológicos da educação são expressos também em outras linguagens literárias, musicais, cinematográficas, destacando na comunicação estética, semiótica e do conteúdo que expressa, diferentes leituras dessa importante relação e experiências sociais que desenvolvem. As transformações das relações na sociedade ocasionadas pelas invenções, novas maneiras de produzir cultura e conhecimento inspiram obras como *O Educador — Vida e Morte*, organizado por Carlos Rodrigues Brandão, também da década de 1980, e expressam o diálogo do educador com a educação, ou seja, sua prática e o sentimento nela contida:

> Educadores onde estarão? Em que covas terão se escondido? Professores, há aos milhares. Mas professor é profissão, não é algo que define por dentro, por amor. Educador, ao contrário, não é profissão, é vocação. E toda vocação nasce de um grande amor, de uma grande esperança (Alves, in: Brandão, 1985: 16)

As críticas ao sentimento entrelaçado com a profissão de ensinar aumentam com os movimentos e lutas da categoria de professores, durante a década de 1980, no processo de filiação à CUT — Central Única dos Trabalhadores, cuja abordagem revela o professor trabalhador, sua realidade e condições de trabalho atreladas às políticas de piso salarial, e outras questões que revelam o clima para a luta por reconhecimento. A sociedade competitiva que coloca em xeque a arte ou o sentimento de sacerdócio dos primeiros educadores, e a profissionalização desta importante tarefa social é destaque nessa ocasião em que os professores saíram para as ruas declarar sua condição e necessidades que revelavam uma face fragilizada e distante do glamour da função do mestre em tempos idos.

Para não descartar de vez, e por ser ainda de grande importância para o magistério o sentimento nutrido pela relação com o outro — o aluno — e as revelações do cotidiano dessa relação, aos que acreditam no potencial da educação para transformação social, o propagado amor pelo ato de ensinar ganha novas teceduras. Mais do que amar, é preciso transformar a realidade do educando! É preciso ter compromisso com sua aprendizagem e conquistas dela advindas. Sua cidadania! A Educação como ato político e emancipador é chamada a transpor as relações afetivas e instaurar a competência técnica e o compromisso político com a profissão.

Essas falas nos remetem à reflexão sobre a dupla ligação presente na relação ensino-aprendizagem: a ligação emotiva dada às circunstâncias em que se encontram os sujeitos ensinante e aprendente, a convivência diária, o envolvimento com as expectativas e os limites do educando e o respeito cognitivo. Este elemento também parte de ambos: professor, reconhecido pelo aluno como autoridade; o aluno, reconhecido pelo professor como aquele que demanda sua dedicação, para superações e orientações voltadas para a formação ampla do indivíduo. O esforço, salvaguardadas as diferenças, também está presente nas ações de ambos. Essa relação, acompanhada pela dedicação das partes, resulta na síntese aprendizagem, e no sentimento que causa, o reconhecimento, e este, por sua vez, como elemento constitutivo do amor. Para Honneth:

> ... embora seja inerente ao amor um elemento necessário de particularismo moral, Hegel fez bem em supor nele o cerne estrutural de toda eticidade: só aquela ligação simbioticamente alimentada, que surge da delimitação reciprocamente querida, cria a medida de autoconfiança individual, que é a base indispensável para a participação autônoma na vida pública (Honneth, 2003: 178)

Dentre nossas experiências com a educação de adultos trabalhadores, pudemos vivenciar a expressão do auto-respeito do educando diante dos saberes, da leitura e escrita, e da perspectiva de atividade profissional, portando, por exemplo, a Carteira Nacional de Habilitação, objeto de desejo constante em seus projetos pessoais de leitura e escrita.

A assinatura em lugar do carimbo digital indicador, eis o avanço rumo à cidadania![1]

Também a criança, ao constatar aprendizagem a partir de suas experiências sociais valorizadas na escola, manifesta sentimento de conquista e de auto-respeito na busca para corresponder às expectativas do mundo adulto, em relação ao seu comportamento e domínios. Em *Arquitetura da identidade*,[2] obra sobre educação, ensino e aprendizagem, enfocamos essa relação construída na experiência educacional infantil.

O acadêmico em fases mais avançadas da formação no ensino médio e graduação exibe várias situações em que o sentimento de amor se esconde e se mostra, ora como auto-respeito às conquistas pessoais de aprendizagens, ora como sentimento de fracasso diante de frustrações advindas dos conflitos pedagógicos que permeiam as relações e a competição. Como exemplo, pode-se citar o exame vestibular.

Quanto à relação jurídica, para chegarmos a uma compreensão de nós mesmos e de nossos direitos, quando o temos, torna-se necessário entender o entrelaçamento nela presente, caracterizando um reconhecimento recíproco que, para Hegel,

> No Estado (...) o homem é reconhecido e tratado como ser racional, como livre, como pessoa; e o singular, por sua parte, se torna digno desse reconhecimento porque ele, com a superação da naturalidade de sua autoconsciência, obedece a um universal, à vontade sendo em si e para si, à lei, ou seja, se porta em relação ao outro de uma maneira universalmente válida, reconhece-os como ele próprio quer valer — como livre, como pessoa. (Hegel, 1970: 221)

---

1. Assim como a possibilidade da obtenção da carteira de motorista, instrumental que amplia as condições de trabalho, a leitura e entendimento do texto bíblico representa também um grande percentual dos objetivos de leitura de adultos que buscam os programas da EJA — Educação de Jovens e Adultos.

2. Arquitetura da identidade, obra publicada em sua 2. edição pela Cortez Editora, São Paulo, 2000.

O reconhecimento passa então pela consciência daquele que exige para os outros, o que quer também para si mesmo, ou privilegia os próprios direitos, nos limites dos direitos do outro, ou ainda, valoriza o outro, da mesma forma que quer ser valorizado. Assim, a pessoa de direito só assume a forma de reconhecimento ao se tornar dependente das premissas dos princípios morais universais.

Mais do que nos aprofundarmos nas teorias das relações de objeto utilizadas para o estudo do reconhecimento do amor e do direito, nossa intenção é refletir sobre o reconhecimento recíproco, que nos mostra, no percurso da humanidade, ser constituído na seqüência de uma evolução histórica, feita de contradições e lutas. Partilhar direitos é o exercício de reciprocidade pelo qual interessa este estudo e que nos coloca face ao conceito de estima social.

Vemo-nos diante do fato do reconhecimento atribuído a um ser humano como pessoa de direito, desobrigando a estimá-lo pelas suas realizações ou pelo caráter que possui. Teríamos assim que distinguir duas formas de respeito de valoração graduais ou excludentes. Neste caso, estudos de Morin (2000) sobre os saberes necessários à sociedade do futuro, sua abordagem sobre a importância de se apreender as relações mútuas e as influências recíprocas entre as partes e o todo em um mundo complexo nos auxiliam nesta reflexão sobre reconhecimento e estima.

O autor valoriza a compreensão mútua, baseada na consciência de que o humano é, ao mesmo tempo, indivíduo, parte da sociedade e parte da espécie. Idéia que exige uma ética que extrapola lições de moral, uma vez que todo o desenvolvimento verdadeiramente humano deve compreender o desenvolvimento do conjunto das autonomias individuais, das participações comunitárias e da consciência de pertencer à espécie humana. (Morin, 2000)

Essas reflexões nos remetem ao nexo existente na experiência de reconhecimento que inclui relações de amor, direito e estima, a relação do indivíduo com ele mesmo, resultando na estrutura intersubjetiva da identidade pessoal, ou seja, o fato de os indivíduos, ao se constituírem como pessoas, unicamente porque, da perspectiva dos outros que assentem ou encorajam, aprendem a se referir a si mesmos, como seres a quem cabem determinadas propriedades e capacidades. Ou seja: ter valor para a sociedade e o mundo em que vive, constatação responsabilizada pelas experiências educacionais emancipadoras.

O grau de auto-realização cresce na medida em que se reforçam ou se estendem essas propriedades e capacidades, com novas formas e situações de reconhecimento que levam o indivíduo a se referir a si mesmo como sujeito. Fui eu quem fiz! Fui aprovado pelos meus colegas, professores, superiores! Consegui! Sou bom nisso! São expressões que revelam a experiência da auto-estima.

Na experiência do amor está inscrita, pelos próprios entrelaçamentos das relações onde ele se desenvolve, a possibilidade da autoconfiança, seja pelo reconhecimento jurídico, de auto-respeito, da solidariedade e da auto-estima. As experiências de aprendizagens, tendo em vista as motivações do sujeito e o reconhecimento que espera obter, guardam o potencial da auto-estima e dos processos de sua constituição que inclui o amor.

Educação, cidadania: reconhecimento?

A vinculação entre educação e participação política encontra-se historicamente presente nas idéias de construção de um Estado republicano democrático, ratificando-se a premissa de que um regime político definido como do povo e para o povo requer uma sólida formação educacional escolar capaz de desenvolver a formação política completa para todos os cidadãos. Esse mesmo discurso se aplica à necessidade da educação para a liberdade e para a cidadania, uma vez que ambas passam a fazer parte da fórmula para equacionar os desajustes do poder e as relações entre as classes sociais.

Na medida em que a sociedade se desenvolve complexificando suas relações, a educação escolar tende a se ajustar, ou seja, para cada contexto histórico-social, uma tendência educacional no sistema escolar.

O analfabetismo ocupou, por muitas décadas no Brasil, o posto que situou e caracterizou a população pobre como despreparada para a participação e cidadania. Segundo Arroyo (1989), os longos períodos de negação da participação são justificados pelo fato de o povo brasileiro não estar ainda preparado e maduro para uma cidadania responsável. Nos curtos períodos de abertura, o ideal republicano de educar para a cidadania volta a ser repetido por políticos, intelectuais e educadores. No entanto, a construção do projeto político de sociedade moderna torna-se impensável sem educação e participação social.

O fato de eclesiásticos, reformadores, políticos, intelectuais e educadores, desde os séculos XV e XVI até o presente, só conceberem a liberdade, a participação política das camadas pobres da população, passando pelas instituições educativas, desenvolveu o mito da escolarização como elemento de integração na sociedade pelo saber escolar.

Esse valor distanciou as possibilidades de reconhecimento de saberes que se desenvolvem fora dos currículos oficiais, gerando descompassos entre a experiência da vida e aquelas selecionadas pelos programas oficiais de ensino e suas certificações. Além do interesse pela domesticação ideológica implícita nessa forma de reconhecer a educação escolar, a vinculação entre educação e cidadania tem agido como precondição para a participação social. Ao mesmo tempo, justifica a exclusão das camadas populares por não estarem aptas como sujeitos políticos, legitimando a repressão e a desarticulação das forças populares que resistem, e agem politicamente fora das fronteiras definidas pelas elites civilizadas como espaço de liberdade e da participação racional e ordeira, referendada pela disciplina e hierarquia escolar.

Relacionar Educação e Cidadania remete-nos para a discussão dos movimentos sociais — educação e os processos de mudanças operados pelas reformas em seus contextos políticos. Para Gohn (1992), essa relação dos movimentos sociais-educação tem um elemento de união que é a questão da cidadania. Segundo a pesquisadora, na última década do século XX, a Educação adquiriu uma visibilidade política em nível do discurso e da retórica, nunca antes observada.

Nos anos 1940 e 1950, as lutas demarcam um sistema educacional ultrapassado ante o crescimento econômico. No final das décadas de 1960 e 1970, as reformas são orientadas sob a égide do Regime Militar, projetando a estagnação e o retrocesso. Os anos 1990 trouxeram uma sociedade organizada e respaldada em bases jurídico-constitucionais na Carta Magna de 1988, para reivindicar cidadania.

A partir dos anos 1990 e início da primeira década do século XXI, o sistema educacional, sob a Lei de Diretrizes e Bases da Educação Nacional de 1996, participa das transformações aceleradas da sociedade do conhecimento, configurada pelo desenvolvimento da indústria eletrônica e dos meios de comunicação, a projetar um novo tipo de exclusão com as exigências de domínio dos ferramentais tecnológicos que caracterizaram a modernização dos processos produtivos e das telecomunicações.

O computador passa a ser uma ferramenta de trabalho e de comunicação, exigindo aprendizagens específicas e, portanto, uma forma de inclusão própria. Se antes o analfabetismo das letras representava defasagem para uma integração social, depois o conhecimento e as habilidades para operar tecnologias representam uma necessidade quase nunca atendida pelo sistema educacional.

Para a cultura da informática nas escolas

As políticas do MEC para o uso de tecnologia tiveram as primeiras tentativas ainda nos anos 1970 em algumas escolas, com o uso do LOGO — Linguagem desenvolvida para computadores, trabalho de pesquisa do NIED — Núcleo de Informática aplicada à Educação da UNICAMP-SP, representando uma etapa importante dos estudos sobre computação aplicada ao ensino e aprendizagem, porém pontual.

O Projeto Formar, de 1987 e 1989, foi o primeiro projeto de informática nas escolas públicas do Brasil a formar multiplicadores na formação de recursos humanos da escola. Essa iniciativa gerou o CIEDs, Centros de Informática Educacional, instalados em dezessete estados brasileiros. Em 1989, o PRONINFE — Programa Nacional na Educação, é lançado pelo MEC para dar continuidade aos anteriores.

Atualmente o PROINFO — Programa Nacional de Informática na Educação — lançado em 1997, pela Secretaria de Educação a distância do Ministério da Educação, realiza o trabalho de trazer para dentro das escolas a informática.

Apesar dos programas do Governo Federal e Estadual para equipar as escolas públicas com laboratórios de Informática, da capacitação de professores para utilizar computadores e seu ferramental, da disponibilização de *softwares* educativos e das orientações no *site* do MEC, entre outros, o que se observa é a inadequação dessas ações no Projeto Pedagógico escolar que não inclui, ainda, atividades curriculares, tendo as tecnologias como recurso didático.

O aluno jovem e adulto das escolas públicas de ensino fundamental e médio, apesar de ter o laboratório de informática em sua escola, precisa recorrer a cursos particulares de informática básica e suas aplicações para concorrer ao primeiro emprego. O contato com essa tecnologia desemboca na utilização da rede de computadores interligados, Internet, que tornam possíveis a pesquisa e a auto-aprendizagem através dos dispositivos midiatizados, introduzindo uma nova forma de aquisição de saberes. Mudança que evidencia a necessidade de evolução das práticas escolares, não como modismos pontuais, mas como projeto pedagógico refletido no contexto histórico-social.

A efetivação do ensino de informática inserido no currículo da escola fundamental e média passa a ser discutida, caracterizando, em alguns lugares, o movimento no interior da escola, cuja organização de pais e alunos do ensino médio reivindica, da direção, o espaço do laboratório quase sempre trancado a chaves[3] como experiência desse saber na própria escola.

Esse movimento de estudantes pela aprendizagem de informática e a organização de pais na mesma direção, sob a ótica de Honneth, faltam neste caso várias formas de reconhecimento:

- Por parte das políticas de formação continuada dos docentes e gestores educacionais — reconhecer a necessidade de contextualização do Projeto Pedagógico tendo em vista a imperiosa necessidade, da população da escola pública, do conhecimento novo e da integração social advinda, em parte, da própria escolarização;

---

3. Fato observado em uma escola da rede estadual na cidade de Campinas, situada no centro urbano da Região Metropolitana. A Escola Estadual Carlos Gomes, no ano de 2002, assistiu à manifestação de alunos do ensino médio cobrando da Direção da escola permissão para a utilização do laboratório de informática.

- Por parte da comunidade — reconhecer a falta de consciência política da população de pais e alunos da escola pública para fazer efetivar os objetivos das políticas oficiais em seus discursos e ações.

Para ambos — o entendimento das mudanças ocorridas nas últimas décadas (em final do século XX e início do XXI), sobretudo no mundo do trabalho e sua relação com a formação escolar e das tendências dominantes que orquestram a sociedade produtiva, disseminando valores de cidadania demonstrada no potencial de consumo, inclusive da tecnologia.

Além disso, é urgente compreender que os domínios do uso de tecnologias computacionais fazem parte do instrumental de domínio obrigatório nas habilidades declaradas pelo profissional em seu currículo hoje. Dado que se torna critério de seleção e definição de perfil de vaga de emprego, deixando uma grande parcela excluída em razão desta falta. A familiaridade com as teias hipertextuais da Internet, possibilitada pelo acesso consciente de seus limites e benefícios, também representa domínio de ferramental disponível, que desenvolve habilidades para o trânsito no ciberespaço da comunicação e informação, ampliando as condições e percepções do indivíduo acerca do mundo digital integrado às atividades operacionais cotidianas.

Esta reflexão gera e alimenta a polêmica instalada no meio educacional sobre os domínios e a apropriação do conhecimento disperso na Internet, como caráter educativo e remete ao conceito de cidadania digital. Idéias que passam a compor um arcabouço teórico que extrapola a comunicação sobre a existência do ciberespaço e do quanto há nele para se explorar, e instala a problemática da comunicação democrática e inclusiva desse acesso e dos saberes que desenvolve.

Até bem pouco tempo, o ciberespaço ocupou o imaginário do homem a partir das imagens da galáxia e de seu conjunto de astros, atmosfera, luzes, vazio e escuridão. O que se pensava explorar nele era a possibilidade de existência de outras civilizações, ou ainda, das perspectivas de vida para o homem em outro planeta. Sobre informações presentes nele identificando-se um novo horizonte para a auto-aprendizagem e leituras digitais tornou-se parte de um paradigma emergente.

Ciberespaço, Cidadania Digital e o Caráter Pedagógico da Internet

O ciberespaço configura-se segundo J. Perriault (1989), como espaço social, cultural e técnico em cujo contexto surge, negocia-se e determina-se o seu uso, seja pedagógico, estratégico ou de simples entretenimento.

Segundo Peraya (2002), dentre as principais funções do ciberespaço destacam-se: a difusão e a distribuição de informação, em grande escala, ampliando a zona de recepção, através das páginas *web*, correio eletrônico etc.

Por caracterizar um acervo de informações, o ciberespaço potencializa a consulta através de ferramentas de pesquisa, banco de dados, servidores de informação etc. A comunicação neste contexto possibilita a interatividade, através de acompanhamento e debate nos fóruns, correios eletrônicos, videoconferências etc. Para usos profissionais, tanto a rede como suas ferramentas são instrumentais que correspondem às mais variadas necessidades profissionais em todas as áreas.

Para a aprendizagem, o ciberespaço possibilita a organização de cenários pedagógicos segundo objetivos e modelos pretendidos, ou seja, a busca de informação e a memorização em livros eletrônicos, a descoberta de micromundos e simulações, que vão das atividades repetitivas e de fixação, através de *softwares* didáticos e de entretenimento, à intencional construção do conhecimento científico.

Os usos que se pode ou não fazer do ciberespaço são criados indeterminada e continuamente pelos seus usuários e pesquisadores de seu potencial de organização de ambientes, de metodologias de acesso e usabilidade ferramentais.

Trazemos para nossa reflexão o conceito de cidadania no contexto da sociedade digital, destacando a Internet, rede de computadores que veiculam informações, e seu caráter pedagógico como potencial de inclusão e cidadania, como subsídios para a análise das práticas educativas realizadas pelo Terceiro Setor em seus projetos sociais.

Nossa reflexão desenvolve-se em três focos: primeiro, da conceituação de cidadania tendo na pobreza e exclusão social a referência para sua superação através das lutas e movimentos sociais (neste caso, não vamos nos reportar às minorias de gênero e raça, excluídas); segundo, da Internet como veículo de informação aleatória, sem regras e em excesso; terceiro, o possível caráter pedagógico da tecnologia de informação e comunicação, com vistas à inclusão e à cidadania.

O desenvolvimento de novos processos de produção, informação e comunicação caracterizam a realidade atual e colocam em destaque os setores que fazem uso desse ferramental, evidenciando a prática educacional ancorada ainda em modelos tradicionais de ensino e avaliação da aprendizagem.

Num universo de tecnologias voláteis, informações em excesso, sem barreiras, fronteiras ou críticas, um novo paradigma de formação educacional emerge pela necessidade de reeducar o pensamento humano, potencializar formas de raciocínio multidisciplinar e dialético coerente com as múltiplas realidades expostas pelos meios eletrônicos multimidiáticos e as relações que estabelecem e objetivam o ciberespaço.

Esse contexto demanda novas abordagens que situam em crise o paradigma tradicional de ensino e aprendizagem, ancorado na transmissão de conteúdos, em áreas estanques do conhecimento e condicionados em grades de disciplinas. Por outro lado, o fosso existente entre os que fazem e os que não fazem uso dos benefícios tecnológicos para uma educação mais atual e contextualizada no desenvolvimento tecnológico do conhecimento nos convoca a questionar sobre o acesso democrático de tais benefícios e a conseqüente conquista da cidadania plena dos indivíduos e grupos sociais com seu acesso.

A América do Sul constitui um território sob a lupa dos Organismos Internacionais como o Banco Mundial, por exemplo, no que diz respeito às análises sobre o seu potencial de desenvolvimento econômico e social, e a especificidade das questões sociais que impedem o crescimento e a soberania cultural e econômica. O analfabetismo funcional é uma dessas questões presentes no Brasil.

Numa abordagem social do uso de tecnologias problematiza-se o analfabetismo funcional e traz de novo, à cena histórica da educação brasileira, o dilema da autonomia conquistada pela leitura e escrita e o letramento na sociedade tecnológica e produtiva.

O letramento, conceito que ultrapassa a alfabetização como simples domínio da codificação e decodificação da língua pátria, surge no contexto das tecnologias de informação e comunicação e atribui o adjetivo digital à discussão, sobre a apropriação dos conceitos e domínio de leitura de hipertextos nas relações com o mundo virtual, deflagrando lacunas da alfabetização convencional.

Diferenciar alfabetização de letramento implica reconhecer, na primeira, o domínio dos códigos de leitura e escrita, dando ao sujeito compreender a realidade expressa em textos, frases no cotidiano das relações, e, no segundo, a apropriação da leitura escrita e literaturas, denotando uma experiência em práticas sociais, dando relacioná-las, desconstruí-las e reescrevê-las, ampliando o domínio da linguagem, escrita, leitura e compreensão do mundo. Aprender a ler e escrever significa apropriar-se de uma técnica de decodificar e codificar em língua escrita — ao escrever, e de decodificar a língua escrita — ao ler. Apropriar-se da escrita é tornar a escrita "própria", ou seja, é assumi-la como sua propriedade, utilizando-a no seu cotidiano social e produção de conhecimento.

O termo letramento surgiu para caracterizar uma nova condição da sociedade na qual a leitura ultrapassa o texto escrito, incorpora o texto visual dos meios de comunicação no contexto moderno, cujo conceito de alfabetização simplesmente torna-se esgotado para explicar novos paradigmas da comunicação e leitura e do conseqüente conhecimento em que resulta.

Um indivíduo que vive em estado de letramento é não somente aquele que sabe ler e escrever, mas aquele que usa socialmente a leitura e a escrita, executa, pratica, e responde adequadamente às demandas sociais da comunicação em qualquer contexto social.

A partir destas reflexões, considera-se que a cidadania digital tem no letramento um pré-requisito para uso e compreensão da hipertextualidade, o que amplia a necessidade de uma educação de qualidade a todas as pessoas para que haja a democratização de saberes necessários ao acesso e uso consciente da informação e comunicação nos meios hipertextuais.

Sociedade digital e distanciamentos sociais: o prolongado toque da tecla "*enter*"

Partimos da questão social e de estudos que colocam pobreza e educação lado a lado, numa suposta linha divisória, em algum ponto, que separa as pessoas em situação de desvantagem, daquelas em situação oposta. Tomamos inicialmente essa referência para refletir a exclusão pela pobreza e a necessidade de lutas sociais para a cidadania no contexto da sociedade digital.

Nesses estudos, o estabelecimento das linhas divisórias de pobreza é dado, entre outros, para a definição de políticas compensatórias dos governos, numa atitude de ajuda pontual e provisória como um arranjo que mantém a situação em lugar de promover a superação de suas causas.

As pessoas desfavorecidas ou pobres não o são de forma isolada, mas no bojo de situações e efeitos perversos e de um padrão mais amplo que estabelece uma crença de que o pobre não é como o restante das pessoas:

> ... Tal crença afetou a elaboração dos programas de educação compensatória, sobretudo através da tese da 'cultura da pobreza', na qual a reprodução da pobreza de uma geração para outra era atribuída às adaptações

culturais do indivíduo pobre às suas circunstâncias. (Lewis, 1968: 47-59. In: Connell, 1995: 17)

A versão psicológica que adquiriu o conceito de pobreza atribuiu às diferenças culturais um *déficit* psicológico, no plano individual, projetando carências para se obter sucesso, sobretudo, na aprendizagem escolar.

Com essa ampliação do conceito, a privação cultural ganha explicações pelas pesquisas e estudos sobre códigos lingüísticos, expectativas ocupacionais, rendimento escolar, quociente intelectual, povoando o universo de diagnósticos que, nos anos 1960 e 1970, subsidiaram as justificativas dos formuladores de políticas públicas.

O reducionismo à idéia de *déficit* motivou Bernstein (1974) a criticar a educação compensatória, entre outros programas sociais não restritos à educação escolar, por seu caráter temporário e sem perspectivas de transformação social.

A cidadania compreendida como participação ampla, ativa e consciente dos indivíduos na sociedade e nos processos de decisão política pressupõe também a apropriação das descobertas da tecnologia e seus benefícios.

Como já vimos, os movimentos sociais e populares brasileiros que caracterizaram os sujeitos históricos e políticos dos anos 1970 e 1980 na luta pela cidadania sofreram grandes mudanças a partir dos anos 1980, com o surgimento de um Terceiro Setor, constituído pelo conjunto heterogêneo de entidades e organizações comunitárias, filantrópicas, caritativas, manifestando-se como alguns tipos de movimentos sociais politizados e ONGs, militantes dos anos 1970 e início dos 1980. Esse novo segmento social hasteia a bandeira da cidadania e imprime ao trabalho voluntário uma nova economia social, caracterizando suas relações com o mercado informal de trabalho. Para Gohn:

> Com a sociedade informatizada, computadores, celulares, vídeos e a Internet deixaram de ser privilégio das elites e passaram a fazer parte do cotidiano do cidadão comum (como proprietários, consumidores, usuários, ou trabalhadores, operários destes bens e serviços). A informação, aleatória e em excesso, torna-se fragmentada... (Gohn, 2000: 9)

Partimos dessa idéia de informação aleatória em excesso e fragmentada para refletir sobre a cidadania não apenas como integração social caracterizada pelo acesso e uso de bens tecnológicos, mas como apropriação do conhecimento através da informação fragmentada e *glamourizada* pela mídia e meios de produção intelectual.

A rápida transformação nos meios de produção conferida a partir do início dos anos 1990 no mundo e no Brasil se deve ao desenvolvimento e crescimento vertiginoso das aplicações da tecnologia em todos os setores ao desenvolvimento e crescimento *vert*. Com elas, grandes mudanças nas relações e nos meios de produção imprimem um novo paradigma que surge das transformações da produção em massa (*push*) para a produção enxuta (*pull*).

Observa-se historicamente que toda mudança no processo produtivo reverte em mudanças nas relações e no comportamento social. São as alterações verificadas nos vários procedimentos do fazer que interferem no atuar e no pensar. Essas mudanças são marcos na passagem de um modelo social para outro, caracterizam reformas fundamentais no modelo mental de pensamento e implementação dos conteúdos de determinado produto.

Na década de 1990 assistimos no mundo e no Brasil a passagem para a sociedade do conhecimento, deixando em segundo plano o modo tradicional de produção, e no primeiro os processos de aquisição do conhecimento como moeda forte na sociedade contemporânea.

Esse novo paradigma trouxe a valorização do conhecimento e uma demanda por novas posturas na formação de profissionais em geral, recaindo, sobre a educação, forte cobrança sobre as condições das pessoas para operar mudanças.

No entanto, é preciso lembrar que essa transformação na sociedade moderna produtiva caminha num ritmo cuja aceleração destaca o descompasso com o sistema formal de ensino, seja na formação básica seja na superior. Esse fato coloca em destaque a lentidão do meio educacional no desenvolvimento de aptidões para a implementação de plataformas e ambientes educacionais compatíveis com as necessidades da formação exigida. Destaca também, no ensino fundamental e médio, o descompasso entre escolas públicas e de elite, que se valem da tecnologia para tornarem mais competitivo seu modo de ensinar, agregando metodologias e laboratórios ao seu produto: ensino. É bom lembrar os riscos da modernização, sem tornar ainda mais largo o fosso existente entre as pessoas em desvantagem em relação às pessoas em vantagem quanto ao acesso democrático e à apropriação dos benefícios da modernização.

> ... as novas redes de comunicação e de informação continuam a crescer rapidamente, conectando pessoas em todo o mundo. Mas elas não podem garantir um mundo humano e sustentável. Se as redes de informação continuarem a ser dominadas por aqueles que têm os meios para defender seus próprios interesses, freqüentemente míopes, eles irão tornar os ricos mais ricos, sem preocupação com os crescentes números de pobres destituídos (Laszlo, 2002: 10)

Tendo essa questão como referência, e considerando que a organização social é historicamente o marco das resistências contra a dominação por interesses antidemocráticos, retomamos a cultura política explicitada nos movimentos sociais e a luta pela cidadania, para refletir sobre as influências das tecnologias e da globalização das informações na prática interna dos movimentos a partir dos anos 1990.

A busca histórica pela cidadania

O novo padrão tecnológico instituído pelo desenvolvimento e ampliação de aplicações na comunicação e produção de conhecimento se mostra no perfil das novas lideranças e do uso que passam a fazer da rede Internet. Com ela, rompem-se fronteiras de tempo e espaço, ultrapassa-se o poder da comunicação do rádio e da tevê, antes elementos fundamentais na expressão e divulgação das conquistas, vitórias ou derrotas acumuladas pelas lutas sociais.

O acesso, a aplicação e a apropriação dos benefícios da tecnologia passam a ser um dos pontos nas agendas das estratégias políticas dos movimentos sociais. Condição que apresenta um novo paradigma de luta pela cidadania através dos recursos tecnológicos e da agilização que imprimem à comunicação.

> Vive-se num tempo onde as fronteiras entre o local, o nacional e o internacional se enfraqueceram de forma que, rapidamente, a ação de um movimento (ou contra um movimento), em qualquer aldeia no meio da selva, poderá ser conhecida pelo mundo todo por intermédio de uma nota na Internet ou por uma notícia — manchete na televisão, do tipo da rede americana de televisão CNN, por exemplo. (Gohn, 2000: 23)

Esse cenário é visível no universo da Internet onde se acessam, através de ferramentas de busca, *sites* que nos conduzem ao Terceiro Setor e suas Instituições e Entidades Não-Governamentais, cujas práticas se configuram pelas ações sociais em nome da cidadania e da inclusão social para nossa pesquisa. Nestes *sites* encontram-se os dados sobre identidade dos movimentos, objetivos, segmentos envolvidos etc. Pode-se dizer que, em grande parte, as lutas sociais passaram a fazer parte do mundo virtual, trazidas pela operacionalização digital das informações, potencializando as ações em rede, num universo cada vez mais amplo e modernizado, possibilitando inclusive, a pesquisa a partir dos dados nele expostos.

O uso das tecnologias informacionais contribui para uma reformulação de comportamentos, fornecendo bases para revisão de valores, opiniões, formas e perspectivas de futuro, alterando de modo a aproximar as possibilidades da cidadania, numa consciência ecológica porque, integradora, global e de perspectivas questionadoras dos tipos e modos de poder que predominam e sustentam as instituições sociais.

Uma forma de pensar assim as relações implica uma educação que desenvolva a compreensão acerca da origem comum da vida e da convivência dentro de um mesmo espaço pertencente ao mesmo universo.

A idéia de que a evolução do homem deve ser coletiva, e que se concretiza a partir do grau de conhecimento e evolução da consciência de cada indivíduo isoladamente, constitui-se no conjunto da evolução da consciência coletiva ou das individualidades partilhadas e comungadas. Essas idéias fazem parte de uma nova biologia que condiciona a consciência coletiva à evolução da humanidade numa cosmovisão quântica. (Moraes, 2001)

Só uma educação que alargue a visão do homem sobre o planeta de forma abrangente poderá suscitar mudanças na prática educacional e nas propostas mais amplas do sistema curricular educacional, resultando num indivíduo capaz de pensar o global de forma integrada; que opere uma aprendizagem, sobretudo coletiva, pautada pela convivência entre os seres, compartilhando recursos, espaços e idéias.

Sob essa ótica, retomamos a Internet como algo capaz de exercer papel de rede catalisadora das informações e das relações sociais, econômicas, culturais convergindo para o cenário político porque cultural, social e interativo, acelerando o processo democrático na medida em que se torne acessível para todos os cidadãos.

> ... utilizar as novas tecnologias para construirmos redes de conexões não apenas preocupadas em favorecer o acesso à Internet às populações carentes e marginalizadas, mas que, além disto, estejam simultaneamente voltadas para o desenvolvimento de uma inteligência coletiva, para o exercício de uma cidadania planetária fraterna e solidária e para a construção da paz associada ao desenvolvimento de talentos para a ciência. (Fagundes, 1999, in: Moraes, 2001: 23)

Com base nessa perspectiva e compreendendo a rede de comunicações da Internet, devemos pensar uma educação para o seu uso, admitindo-se um sentido de responsabilidade pelas próprias ações e partilhando-as num mundo em crescente intercomunicação. Segundo Thompson:

> Poucos duvidam de que os vários meios de comunicação tenham desempenhado e continuarão desempenhando um papel crucial na formação de um sentido de responsabilidade, que não se restringe apenas a comunidades localizadas, mas que é compartilhado numa escala sempre mais ampla. (Thompson, 2002: 227)

Para o autor, a crescente difusão de informações através da mídia pode ajudar a estimular e aprofundar um sentido de responsabilidade pelo mundo, pela natureza, pelo universo de outros humanos que não compartilham das mesmas condições de vida e de privilégios que caracterizam diferenças culturais, econômicas e sociais.

Dentre tais privilégios encontra-se a compreensão das relações entre educação-trabalho e cidadania, pelo indivíduo que necessita dominar, além da leitura e da escrita, outras linguagens exploradas pelo homem na sociedade contemporânea.

Reconhecer que essas linguagens permitem organizar, analisar dados, contextos e situações para agir sobre eles de modo participativo, crítico e ativo é possibilitar, através dos meios de comunicação, localizar informação e utilizá-la em benefício da formação continuada, interagindo com grupos de trabalho, de estudos e produção de saber. A percepção e reconhecimento da existência de saberes estratégicos para o exercício da cidadania no contexto social e democrático:

> ... num mundo em que tudo envolve comunicação e intercâmbio de informações, o trabalho e a inserção política na sociedade cada vez mais se tornam conceitos mais próximos do aprender. (Ramal, 2002: 14)

Para a autora, essa compreensão está bem próxima do que se espera de um cidadão crítico e consciente, capaz de participar de seu meio, agindo criticamente sobre estruturas injustas, como pesquisador da realidade, aprendendo situações que exigem transmutação de novos conhecimentos.

Uma cidadania participativa dos problemas que migram do particular para o planetário e dele para o individual num movimento dialético, requer o desenvolvimento de novas atitudes e de competências e habilidades flexíveis e permanentemente móveis, parte de um novo paradigma educacional emergente no contexto da sociedade tecnológica.

Capítulo III

Internet e inclusão: otimismos exacerbados e lucidez pedagógica

O mau não é ter uma ilusão, o mau é iludir-se.

José Saramago

O explosivo crescimento da comunicação eletrônica nos últimos anos e a crescente influência das empresas transnacionais de mídia encontram-se intimamente relacionadas à promoção da globalização.[1] Muito já se discutiu sobre as repercussões da globalização no mundo ocidental. Nos deteremos na relação globalização e comunicação global, em que se desenvolve a Internet juntamente com as empresas transnacionais em conjunto com as Forças Armadas, como uma ferramenta que não ficou limitada às grandes empresas e aos governos, mas que as Organizações Não-Governamentais e também os indivíduos passaram a fazer uso dela.

A evolução da Internet se deu com a crescente digitalização e com a acessibilidade à banda larga, que ampliou o potencial de transmissão de

---

1. Dentre as várias teorias de globalização, a desenvolvida por Robertson (1994) argumenta que os estados nacionais não são considerados simplesmente como unidades que interagem, mas como constituídos do próprio mundo, num contexto global em que o mundo se torna um único lugar com seus próprios processos e formas de integração. Globalização implica também o fim das fronteiras geográficas para o trânsito econômico e cultural dos povos.

dados, imagens, sons etc., à uma velocidade de 256 *kilobytes* por segundo. Avanços que trouxeram novas utilizações, delineando a comunicação eletrônica gradativamente presente nos mais diversos setores da atividade humana social e produtiva.

Na Europa, a estrutura de desenvolvimento das telecomunicações é apontado por Biernatzki (2001) sob dois modelos: um, idealista, ou seja, ambiente de serviço inteiramente interativo de acesso a todos os serviços eletrônicos concebíveis através das redes públicas e disponível a todos por preços cada vez mais baixos; e um outro modelo estratégico, que reflete as condições sob as quais as inovações técnicas são produzidas e utilizadas (restritas a quê e a quem).

O modelo idealista é o que mais nos interessa em nosso estudo pois, segundo nossas pesquisas apoiadas também nas análises de Mansell (2001), é um modelo que cria a impressão de que a rede em novo desenho beneficiará a todas as camadas da sociedade e da economia. O que chamamos de otimismo exacerbado, que se contrapõe com o modelo estratégico que é mais pessimista apesar de realista. Neste último, o ambiente Internet é caracterizado por redes fragmentadas e por pouca eficiência na difusão de serviços, movida por uma indústria direcionada pelos suprimentos que sofre pressão de usuários multinacionais, fraco estímulo à concorrência dos mercados pobres ou periféricos, falta de regulamentação etc.

O autor conclui em sua análise que o desenvolvimento e reestruturação da indústria das telecomunicações nos Estados Unidos colocou-a em evidência apenas na periferia da rede pública e em suportes de serviços avançados. Revelando-nos, inclusive, na visão dos teóricos desses modelos, que o idealista não passou de miragem.

Os estudos concluem que as tecnologias eletrônicas entraram em sua fase adulta, ou seja, consolidaram-se de fato, enfrentando continuados desafios para manter o equilíbrio entre as diversas responsabilidades assumidas, os imperativos éticos, a realização dos objetivos sociais, em meio a ataques de conflitos e tensões. Se, por um lado, as vantagens dos computadores e da comunicação eletrônica em meios digitais lista muitos de seus benefícios e avanços científicos e tecnológicos, reconhecem os problemas e perigos que os acompanham. Por exemplo:

> ... a ausência de mercado suficiente nos países em desenvolvimento, o que impede que investimentos educacionais nesta área se tornem economicamente viáveis... dificulta a rápida difusão dos benefícios das tecnologias nestes países. (Biernatzki, 2001: 49)

No entanto, a pregação de que o livre acesso à informação na Internet resulta na necessidade, cada vez mais urgente e na realização, cada vez mais próxima, do desenvolvimento de políticas que contemplem a formação cidadã, condição imperativa da nova sociedade. O que dependerá não apenas da distribuição democrática dos conhecimentos e informações, mas também da capacidade para produzi-los.

Ao analisar as perspectivas já expostas, pode-se considerar que se aposta muito na cidadania pela inclusão digital, ou seja, há mais otimismo do que pessimismo nas perspectivas da Internet em seu potencial de inclusão.

Pesquisadores de novas tecnologias ditas inclusivas apostam na solução de problemas, como acesso a localidades distantes, suprindo carências de informação e atendimentos públicos em tempo real; compensação de deficiências físicas e/ou neurológicas com os dispositivos viabilizados pelas tecnologias de comunicação, promovendo a aprendizagem de portadores de necessidades especiais das mais diversas ordens; educação a distância em massa para equacionar a problemática de baixa ou nenhuma escolaridade, reduzindo os índices de analfabetismo; outras soluções específicas de áreas como a medicina, e a própria engenharia, elétrica, eletrônica e de *software*.

Os aspectos positivos das tecnologias merecem reconhecimento. No entanto, afirmações sobre facilidades e democratização dos benefícios extensivos a todas as pessoas são dados que devem ser questionados e muitas vezes, postos sob suspeitas de um otimismo exacerbado. Torna-se pertinente contextualizar a realidade em busca de uma lucidez pedagógica, porque problematizadora.

Políticas do MEC

O sistema educacional brasileiro tem se ocupado, ainda que em pequenas doses frente às necessidades, das discussões e projetos de modernização tecnológica na gestão educacional de um modo geral.

O Sistema Nacional de Educação Superior, por exemplo, contempla nos critérios de avaliação institucional, um formulário eletrônico disponível aos gestores de ensino superior como subsídio e referência para os seus planos de desenvolvimento educacional institucional, correspondendo às exigências da avaliação. A tecnologia, aos poucos inserida nas rotinas da gestão estratégica e administrativa, começa a ser reconhecida como elemento de qualificação do ensino.

O governo brasileiro, nos primeiros cinco anos deste milênio, por meio do MEC, tem incentivado a ampliação dos projetos EAD, como democratização do acesso ao conhecimento e à formação escolar de grande parcela da população brasileira em todos os níveis, incluindo o ensino superior.

A Portaria nº 2.253, de 18 de outubro de 2001, regulamenta a Oferta de Disciplinas Não-Presenciais em Cursos Reconhecidos nas Instituições de Ensino Superior, a partir do disposto no art. 81 da Lei nº 9.394/1996 e no art. 1º do Decreto nº 2.494, de 10 de fevereiro de 1998. Desta forma, as disciplinas integrantes do currículo de cada curso superior reconhecido poderão utilizar o método não presencial de até 20% de sua carga horária.

Essa regulamentação autoriza as instituições de ensino superior credenciadas como universidade ou centro universitário a rever o projeto pedagógico do curso ao optar por oferecer disciplinas que em seu todo ou parte, utilizem método não presencial.

Em meados de setembro de 2004, o Governo Federal encaminhou a oferta de ensino à distância na graduação e licenciatura nas universidades públicas com 17.585 vagas para a licenciatura e 6.400 em Pedagogia, áreas prioritárias, no atendimento ao *déficit* de 235 mil professores só no Ensino Médio.[2]

---

2. *Estado de S. Paulo* — Caderno de Educação, 24/09/2004, p. 12. A matéria que analisa dados estatísticos sobre a realidade educacional brasileira, explicando o processo de seleção de projetos de

Isso foi feito por meio de consórcios de instituições públicas, contando com 29 projetos, dos quais o MEC aprovou 19 e destinou 14 milhões para investimentos em infra-estrutura e elaboração de material didático, ainda em 2004. A modalidade à distância, prevista nos programas, não se restringe à mediação pelo computador, uma vez que há limitações para o uso da Internet em regiões de cultura e realidades sociais próprias. O programa, ao considerar o contexto em suas especificidades, deve prever outros recursos que não a rede Internet, como vídeos e textos impressos.

Essa alternativa, que inclui as tecnologias como soluções para a formação de professores em resposta à demanda educacional, pode resultar tanto em solução como em agravamento do problema. Agravamento se a tecnologia empregada não promover a interação necessária, considerando-se a linguagem e comunicação estabelecida no programa educacional e a facilidade de uso da ferramenta no ambiente ou recurso tecnológico, e solução desde que os alunos e professores tenham acesso democrático e de qualidade aos meios, preparo para utilizá-los e um canal aberto e eficaz para que a interdisciplinaridade aconteça, favorecida pela mobilidade própria das tecnologias.

Há que se considerar e respeitar ainda a especificidade da formação do professor educador, as características e a contextualização do trabalho pedagógico, de sua área e do público estudantil com quem atua.

O modelo de ensino pautado nas tecnologias de informação e comunicação altera a relação ensino-aprendizagem, podendo instalar uma nova fonte de autonomia pela prática da pesquisa, por parte do docente e do acadêmico, em posse do acesso ao ferramental, conhecimento sobre seu funcionamento e suas aplicações facilitadoras da produção dos saberes.

A confiabilidade do ferramental e do ambiente tecnológico educacional disponível torna-se matéria de responsabilidade do docente que orienta e encaminha os estudantes, como fonte e utilização. (Soares, 2001) A mudança na postura do professor e profissional docente se dá no exercício de conhecer a tecnologia, as interfaces e identidades com seu objeto científi-

---

universidades públicas para a oferta de cinco cursos à distância: Pedagogia, Biologia, Matemática, Física e Química.

co, sua metodologia de ensino, de avaliação e recuperação processual da aprendizagem.

As universidades brasileiras já realizam, como parte de seu investimento em tecnologias, projetos relacionados aos estudos de metodologias, avaliação e aprendizagens, possíveis ao sistema de ensino mediado pelo computador e a rede Internet. A UNICAMP, Universidade Estadual de Campinas-SP, através do NIED, Núcleo de Informática Aplicada à Educação a distância, desenvolve pesquisa e promove práticas de educação por meio de novos ambientes educacionais de teor científico e social, que possibilitam a leitura crítica dos desafios didático-pedagógicos e do caráter inovador estimulado no cotidiano acadêmico. A PUC-Campinas, PUC-São Paulo e a USP desenvolvem importantes ações na formação de professores utilizando tecnologias facilitadoras do acesso a distâncias e potencialização e flexibilização do tempo de estudo dos professores em carreira. Portanto, agregar a esse compromisso a responsabilidade de disseminar o uso de tecnologias de informação e comunicação através do ensino está entre os objetivos institucionais de universidades tradicionalmente reconhecidas pela sua cultura de formação de professores, ensino e pesquisa.

Prática pedagógica e formação do professor

Dentre os desafios para a revisão da prática pedagógica, utilizando tecnologias de informação e comunicação, destacam-se a mudança de paradigma didático que carregam latente os professores e a crença na formação continuada necessária para realizar a mudança de postura com as novas perspectivas projetadas pelos recursos e ambientes educacionais.

Uma das dificuldades do professor para a gestão do referencial tecnológico recomendado ao aluno é o seu conhecimento e acompanhamento do ferramental ou do *site* institucional melhor indicado para apoiar seu trabalho como professor e os estudos, pesquisas e produção de conhecimento de seu aluno.

Se antes o professor também necessitava ter o conhecimento e domínio do universo das enciclopédias e seus conteúdos organizados na biblioteca ou sobre sua estante para o preparo de suas aulas e indicação dos estudos e pesquisas de seus alunos, agora dispõe de um acervo complexo de ambientes informacionais e de comunicação hipermidiáticos, flexíveis e voláteis.

Uma diferença que não se pode deixar de lado é que antes, apenas o professor tinha o acesso aos livros clássicos e básicos reconhecidos como um importante e raro referencial de fontes de estudos e pesquisa. Para o aluno ficava apenas o livro didático recomendado e outros na biblioteca destinados para estudos complementares. Hoje, deste universo de informação e comunicação em rede, fora de controle e de incontáveis temas e conteúdos disponíveis ao acesso na Internet, o aluno tem o mesmo acesso que o professor e pela sua própria condição e motivações de descoberta e de novidades, pode acessar antes mesmo do professor dados interessantes ou não para o assunto em questão, ou ainda sair recortando e colando tudo o que encontra, trazendo um amontoado de papel impresso como prova de sua pesquisa ou trabalho. Isso tem desanimado os professores em relação às possibilidades da Internet como recurso de pesquisa e complemento de seu trabalho pedagógico. Alguns chegam ao limite de proibir os alunos de utilizarem o computador para evitar a colagem.

Para responder a essa prática de recortar e colar, torna-se necessário que o professor selecione as fontes de seu conhecimento, julgadas confiáveis, e restrinja-as como fonte de pesquisa e estudos complementares para os alunos, da mesma forma que indica autores e livros para estudos e pesquisa. No entanto, essa solução requer tempo de estudo do professor para pesquisar as fontes e *sites* pertinentes à sua área de conhecimento, disciplina e nível de ensino. Estamos falando do que sempre se falou sobre a formação de qualidade dos profissionais da educação, capaz de responder às necessidades do desenvolvimento científico e tecnológico e o ensino. Essas cobranças em torno da formação continuada e de qualidade do professor tem sido nas últimas décadas respondidas com paliativos nem sempre eficazes, como o HTPC — horário de trabalho pedagógico coletivo, por exemplo. Quantas são as críticas sobre esse tempo de trabalho inserido na jornada do professor, identificando-se raras ações transformadoras.

O tema sobre a profissionalização dos formadores de professores tem sido largamente discutido também em razão das tecnologias disponíveis e de seu uso pedagógico posto para pesquisa dos principais sujeitos da relação ensino e escolarização. A profissionalização do ofício de ensinar deve romper com as lamentações sobre a falta de tempo do professor para participar de capacitações, sobre o fato de não ter com quem ficar sua classe, ou de faltar substitutos para que ele se ausente e se prepare, elevando sua qualificação técnica para o ensino contextualizado e de posse dos instrumentais disponíveis para o trabalho pedagógico.

Trata-se de assumir não um conceito de profissionalização no sentido anglo-saxão da expressão que designa a transformação de um ofício constituído em uma profissão, mas no sentido mais clássico, advindo da língua francesa, que nos estudos de Altet, Paquay, Perrenoud (2003: 11) são designados como transformação de uma prática desinteressada e ocasional em um ofício, agora dotado de reconhecimento e de uma formação específica.

Essa idéia de prática ocasional é a que mais se adequa a realidade de uma parcela de professores brasileiros, suficiente para colocar em risco a qualidade e o compromisso com o ensino e a formação de nossos alunos. São professores que, ocasionalmente, para completar a renda de sua profissão principal, decidem dar aulas.

O que destacamos como profissionalização necessária "não se realiza apenas pelas reivindicações suficientes para constituir a profissão do professor, mas o reconhecimento social que depende de outros atores, usuários, empregadores, avaliadores, colegas. Ninguém está disposto a conceber a um ofício (...) sem obter, em contrapartida, serviços de melhor qualidade e (...) responsabilidade das pessoas". (Altet, Paqauay, Perrenoud & cols., 2003: 236)

A própria visão de professor disseminada na sociedade, com salários baixos, falta de reconhecimento e de condições de trabalho diferenciado, e os longos períodos de greve por piso salarial, ao mesmo tempo em que fizeram avançar a luta dos professores da rede pública, serviram também para expor publicamente a condição de trabalho e as necessidades básicas da educação, não atendidas. Elementos que agravaram a desvalorização da profissão por uma grande parcela da sociedade que desconhecem, por exemplo, os dados da UNESCO de 1998, apresentados por Tardif e Lessard:

> ... existem cerca de 60 milhões de professores no mundo trabalhando em condições muito diferentes segundo os países e as culturas (...) No Brasil, segundo os últimos dados do Ministério da Educação e Cultura (MEC, 2003) e do Instituto Nacional de Estudos Pedagógicos, Inep (2003) existem perto de 2,5 milhões de professores atuando nas escolas primárias e secundárias das redes pública e privada. (2005: 22)

Se formos quantificar identificando nos níveis de ensino em que estão atuando esses profissionais, os dados ainda especificam que cerca de 250.000 atuam no nível pré-escolar, 41.000 nas classes de alfabetização, 1.600.000 no nível fundamental, 450.000 no ensino médio e 43.000 na educação especial.

Não se pode refletir sobre esses números sem considerar os aproximadamente 53 milhões de alunos no ensino fundamental e médio e um investimento de 5,2% do Produto Interno Bruto — PIB (MEC, Inep, 1997-1998) na educação. Isso situa os professores, na organização sócio-econômica do trabalho, como um dos principais elementos da economia das sociedades modernas.

Juntamente como o sistema de saúde, a educação representa a principal carga orçamentária dos estados nacionais, o que leva a crer que tanto a saúde quanto a educação são predeterminantes das transformações socioeconômicas de uma nação que se pretende emancipada. Admitir isso significa aceitar que o ensino escolar, sob responsabilidade do professor, expande-se para todos os setores sociais, famílias, corporações e profissões, esporte, lazer, indústrias, onde todos os indivíduos socializam a formação que trazem dela e a reproduzem nas atividades que desenvolvem.

Essas reflexões desdobram-se em uma infinidade de questões sobre o trabalho docente e a profissionalização do ato de ensinar e recomendamos aqui a leitura de Maurice Tardif e Claude Lessard, *O Trabalho Docente — Elementos para uma teoria da docência como profissão e interações humanas*, da Editora Vozes.

O conceito de profissionalização do professor é ainda muito polêmico, o que é perfeitamente compreensível em se tratando da educação e da complexidade que o processo educacional guarda em sua especificidade, envolvendo habilidades e sensibilidade do profissional, ultrapassando a técnica e outras competências mensuráveis, típicas de outras atividades.

O fim dos cursos de magistério no Ensino Médio, no Estado de São Paulo, reforça esse descaso, tirando o direito de uma avaliação processual e mediadora voltada para a formação de qualidade, colocando, em seu lugar, o fechamento dos Centros Educacionais de Formação para o Magistério, CEFAMs do qual já falamos. Virar as costas para a formação problematizada do que temos e sugerir a formação superior parece-nos adiar decisões políticas em nome da formação do professor. É virar a página desta história que se mostra sem muitas perspectivas de solução para a formação do professor no ensino médio, que deflagra:

- um curso de ensino médio (escolas regulares) que, a partir do segundo ano, assume as disciplinas pedagógicas, responsáveis pela formação específica, as exigências de estágio incompatíveis com a realidade dos alunos, resultando numa formação apressada e despreparada para a atuação nas séries iniciais. Ou um curso em que a carga-horária de disciplinas específicas é mais intensa, o período de estudos é integral, os estágios mais próximos do ideal para formação, a realidade social dos alunos faz sobressaltar o interesse no auxílio da bolsa de estudos. O projeto pedagógico fica esquecido, tendo à sua frente professores que se postam meio que como "Dom Quixote"[3] numa luta corajosa e aparentemente poética por acreditarem na educação.

Tornam-se, assim, urgentes ações capazes de contextualizar a realidade da formação do professor, das condições de trabalho na escola, das

---

3. Personagem de Cervantes que faz 400 anos em 2005. Dom Quixote, romântico e determinado, busca uma existência de coragem, enfrentando perigos imaginários os quais acredita serem reais. Nossa relação do Professor com Dom Quixote, diz respeito à determinação de alguns professores que fecham os olhos para as impossibilidades e prosseguem sua jornada, tentando fazer aquilo em que acreditam. O imaginário, neste caso, é esperar que as políticas educacionais agilizem ações em benefício da qualidade e das condições de trabalho pedagógico, antes de concluir o ano letivo.

políticas do MEC em nome da formação continuada, da emergência das tecnologias de informação e comunicação no meio educacional, do descompasso entre o desenvolvimento científico e tecnológico da sociedade atual e a prática de ensino predominante na escola e finalmente o paradigma de ensino e aprendizagem a partir do advento das tecnologias.

A formação continuada de professores rumo à profissionalização responde à necessidade de qualificar a educação e suas relações, da mesma forma que outros segmentos produtivos buscam em relação aos seus processos.

Por que aceitar que a educação fique atrás? Por que não dar aos docentes as mesmas condições que outros profissionais buscam em seus setores para capacitar-se, reduzindo o distanciamento entre a formação e as exigências da sociedade e seu desenvolvimento?

Responder a essas questões exige reflexão sobre o que é necessário mudar nas escolas, considerando-se que o sistema educativo, conforme afirma Castanho (2000), possui mecanismos reacionários e resistentes a inovações e mudanças. Para a autora, vivemos a chamada fase de transição de paradigmas em educação, apontando para um paradigma ligado à forma como se encara a construção do conhecimento na estrutura cognitiva do aluno.

O paradigma educacional emergente da sociedade informatizada e das transformações por ela desencadeadas direciona também o debate para os espaços pedagógicos escolares, envolvendo o professor e reconhecendo sua práxis, como forma de inovação por meio de novos ferramentais, cuja aplicação com êxito, na sala de aula, poderá elevar o conceito de educação e da qualidade da relação ensino e aprendizagem, aproximando-a dos multimeios de comunicação e informação de forma didática, pedagógica, ampla e cidadã.

> "... Uma política do conhecimento (...) que exprime o conflito em torno daquilo que alguns vêem simplesmente como descrições neutras do mundo e de outros, como concepções de elite que privilegiam determinados grupos e marginalizam outros". (Apple, 2002: 60)

Finalmente, tomar o conceito de Educação na formação ampla do indivíduo, constituída das experiências democráticas de aprendizagem e produção/apropriação de conhecimentos, dando a todos o direito de usufruir os benefícios das tecnologias com vistas à emancipação social.

Sistemas de comunicação e educação

Os sistemas de comunicação disponíveis socialmente não apenas mudaram o cenário urbano em suas relações virtuais, como tornou a sociedade mais inteligente e veloz nos processos que eliminam o dispêndio de tempo e a locomoção no ir e vir, entre outras tarefas que sobrecarregam e atrasam o cotidiano. Os contatos e interações passam de um universo já ampliado pela telefonia e pelo fax, para outros que reconfiguram limites profissionais e sociais, modificando as perspectivas de comunicação e organização das pessoas de qualquer idade, situação e lugar, redefinindo o envelhecimento e a solidão.[4]

Estudiosos como Moran explicam as mudanças na comunicação com o processamento multimídico, isto é, com as possibilidades abertas com as diferentes formas de veiculação da informação. Para o autor:

> Quanto mais mergulhamos na sociedade da informação, mais rápidas são as demandas por respostas instantâneas. As pessoas, principalmente as crianças e os jovens, não apreciam a demora, querem resultados imediatos. Adoram as pesquisas síncronas (...) É uma situação nova no aprendizado... (Moran, 2003: 20-21)

O autor destaca os benefícios trazidos pelos multimídicos nas respostas rápidas ao mesmo tempo em que problematiza a avidez por rapidez e resultados do jovem e da criança, sem a devida reflexão necessária para que a informação seja apropriada como conhecimento. A essa questão

---

4. Em pleno início do Terceiro Milênio (ano de 2004), pessoas envelhecidas, que carregam um certo potencial de vulnerabilidade social causado pela solidão e isolamento, recorrem aos *softwares* e *sites* de bate-papo ou a troca de *e-mail* na Internet para relacionar-se. Esse contato descarta limites e limitações que o meio físico impõe, instalando uma nova cultura de sociabilidade e comunicação.

somamos as lacunas que se postam entre as pessoas de menor poder aquisitivo e a configuração do equipamento que utilizam, influenciando na velocidade da informação e qualidade da interação.

Além dessas questões, a educação para o uso crítico dos recursos e de suas contribuições na constituição do acervo de informações passíveis de conhecimento para o indivíduo, ainda são problemas intocados pela pedagogia e pelos Parâmetros Curriculares Nacionais que orientam o ensino de leitura e da alfabetização em geral.

Para que a Internet assuma caráter democrático e inclusivo, reafirmamos que a educação deve empenhar-se no desenvolvimento do letramento digital, condição que ultrapassa a alfabetização como processo de codificação e decodificação da linguagem e da escrita. Para tanto pressupõe domínio para além da técnica, atingindo outros patamares na relação do leitor com as literaturas de forma a se apropriar dos mecanismos de criação e reprodução de conhecimento, num exercício de relacionar fatos, imagens, dados e significados.

No caso do letramento digital, esse domínio e articulação com o conhecimento técnico da leitura e escrita soma-se ao do ferramental, que os meios eletrônicos disponibilizam em escala crescente e cada vez mais de forma amigável ao usuário, porém ainda restrito a parcelas da sociedade.

O conhecimento técnico ferramental da informática torna-se, como outros, exigência e parte do cotidiano e das relações sociais como componente curricular da formação. Sabemos que esse conhecimento torna-se um elemento problematizador do preparo do professor para operar tecnologias e fazer uso do acervo informativo da Internet na sua prática educativa, formação que deve ser revisitada oportunizando-se ao profissional de ensino o rito de passagem inadiável das posturas tradicionais para as novas midiatizadas pelas tecnologias.

O que está disponível na rede Internet torna-se pedagógico pela ação do usuário. Portanto, é preciso pensar uma educação escolar que trate a Internet como o faz com a biblioteca, o laboratório de ciências, o ginásio de esportes e outros ambientes educacionais familiares ao professor. Para este, resta reconhecer, nesse espaço virtual, mais um campo com seus recursos didáticos — as ferramentas — para pesquisa de conteúdos, ilustrações e atualizações capazes de enriquecer seu trabalho pedagógico, por iniciativa própria de forma crítica e seletiva.

Essa autonomia conquistada pelo professor e pela escola, cuja gestão reconhece as possibilidades do ferramental tecnológico adequado à realidade de sua gestão pedagógica e administrativa, ganhará argumentos capazes de selecionar as ofertas de vendedores e representantes da indústria internacional de *software* que invadem o meio educacional com programas de treinamento e formação de multiplicadores, como já dissemos antes.

As iniciativas em curso para atender ao desafio da mudança pedagógica que inclui formação de recursos humanos capazes de assumir a falência da pedagogia tradicional, diretiva e reprodutora, requerem sua substituição pelas novas pedagogias ativas, dinâmicas, libertadoras, motivadoras da investigação, da descoberta e da criatividade. As inovações das práticas pedagógicas, para que não sejam tomadas como ingênuas ou isoladas, devem assumir caráter coletivo. "Para modificar a prática (...), é muito importante tomar contato com outros professores que já a estão inovando e comprovar por si mesmo (...) a renovação pedagógica (...) e novas relações entre professor e alunos". (Esteve, in: Castanho, 2000: 78)

Para Castanho, falar em inovação é falar em pesquisa, pois mudanças na prática pedagógica implicam auto-formação, e esta se dá quase sempre pela via da investigação.

Pesquisas sobre a formação continuada de professores apontam que a Organização dos Estados Americanos (OEA) inclui o Brasil na parceria com Argentina, Chile, Colômbia, Costa Rica, República Dominicana e Venezuela para projetos de capacitação de professores para a aplicação pedagógica de informática com seus alunos, com apoio das equipes técnicas do Programa Nacional de Informática na Educação do Ministério da Educação do Brasil.

No entanto, sabe-se que estamos distantes ainda de poder afirmar que as escolas que integraram o programa realizaram os objetivos de alargar o universo de acesso à tecnologia nas escolas públicas, propiciando o desenvolvimento da autonomia do professor na escolha e definição de seu próprio ferramental. Entre a intenção de implementar a disciplina de uso da informática no cotidiano pedagógico escolar e a efetivação dessa intenção, transcorre um grande número de situações-problema que interferem no processo e colocam em risco os objetivos mais amplos que incluem a criticidade e a autonomia necessárias na prática pedagógica emancipadora.

O que se observa, no entanto, é que os projetos pedagógicos das escolas não abriram ainda espaços para mudanças comportamentais para desenvolvimento da cidadania digital seja para o professor, seja para o aluno. Os professores, ainda que capacitados pelos programas de estímulo ao uso de informática na escola, se vêem aprisionados a rotinas pedagógicas, conteúdos, Parâmetros Curriculares Nacionais, aos compromissos com os sistemas de avaliação, e deixam para um segundo plano as inovações e a autonomia que a informática poderia trazer ao seu trabalho. Os alunos, por sua vez, ficam na dependência dos professores e da direção para acessarem o laboratório de Informática. As famílias reclamam que, apesar da existência do laboratório na escola, têm ainda que pagar cursinhos de iniciação à informática básica em escolas particulares, nem sempre comprometidas com a cidadania e a inclusão social, como já dissemos.

A dificuldade de acesso amplia o mito da tecnologia para os mais pobres. É exatamente o aluno das escolas públicas, na sua maioria de classe econômica baixa, que mais necessita desse conhecimento e dessa habilidade desenvolvidos na escola, inseridos no projeto pedagógico de forma integrada e multidisciplinar.

Sem isso, um novo nicho do mercado de ensino técnico se abre para atender as necessidades da comunidade, nem sempre pronta para discernir entre um bom curso de informática dentre os inúmeros que se divulgam em panfletos nas esquinas.

Embora não fosse o objeto principal de nossa investigação, identificamos uma centena de instituições do Terceiro Setor, que oferecem cursos de informática básica, disponibilizando em seu *site* orientações para contato e informações.

Torna-se fácil oferecer gratuitamente esse tipo de curso, uma vez que, na sua maioria, a própria indústria de *software* e de sistemas o patrocina de forma interessada, porque ciente do potencial de multiplicadores do consumo.

Em nossa pesquisa sobre empregabilidade,[5] realizada no doutoramento e estendendo-se até o ano de 2001, avaliamos programas de Informática Básica, desenvolvidos por instituições privadas com recursos públicos, que atendiam jovens em busca do primeiro emprego ou desempregados. Pudemos observar salas onde 60 pessoas que nunca estiveram diante da máquina, portanto os que mais necessitam de tempo de reconhecimento e interação individual com o equipamento, se distribuíam entre 20 computadores (1 para 3 alunos) e um único instrutor para atender a todos.

Não se pode falar de cidadania digital sem abordar questões como a formação escolar, a formação do professor e as políticas públicas em nome da inclusão social, da empregabilidade e da cidadania. No caso do professor:

> A formação do professor para ser capaz de integrar a informática nas atividades que realiza em sala de aula deve prover condições para ele construir conhecimento sobre as técnicas computacionais, entender por que e como integrar o computador na sua prática pedagógica e ser capaz de superar barreiras de ordem administrativa e pedagógica. (Valente, 2002: 153)

A implantação de disciplinas de informática educativa em currículos de formação no ensino superior já é uma realidade em várias universidades e faculdades,[6] preocupadas com a formação em licenciatura e pedagogia. No entanto, há os professores que já se encontram em exercício da profissão e não tiveram essa formação, gerando uma dificuldade para o próprio sistema educacional que, ao mesmo tempo em que admite a necessidade desta capacitação para responder às novas exigências de um ensino contextualizado, sabe-se que removê-los da sala de aula implica

---

5. *Políticas Públicas, Qualificação e Requalificação Profissional e a Educação do Trabalhador no final da década de 90 no Brasil: Empregabilidade ou Inserção Social?*, UNICAMP, dez., 1998.

6. A METROCAMP — Faculdades Integradas Metropolitanas de Campinas, SP, tem, em seu currículo de formação do Professor no Normal Superior e na Pedagogia Gestão Escolar, as disciplinas de informática educativa, multimeios e educação e recursos tecnológicos aplicados à educação distribuídas em três semestres do currículo. Essa prática revela o avanço de instituições como esta, preocupadas com a integração do futuro profissional junto aos mecanismos de comunicação informatizados.

outras questões e custos. Essa situação gera tentativas das políticas públicas de se realizar uma formação à distância ou semipresencial, agregando várias mídias para evitar que o professor se desloque de seu posto, para retomar a formação.

No entanto, para Valente (2002), o professor ainda tem que enfrentar sozinho as dificuldades de implantação das mudanças necessárias em sua prática. É com essa lucidez e coragem de denunciar as limitações ainda presentes no mundo real, feito de contradições socioeconômicas e culturais, que devemos indagar sobre o otimismo exacerbado de alguns setores que pregam facilidades e afirmam depender apenas da vontade e disposição do professor para mudanças.

Não basta pensar na formação e na capacitação do professor, mas cobrar políticas educacionais que contribuam para a efetivação das transformações necessárias ao sistema escolar. No caso, por exemplo, dos Parâmetros Curriculares Nacionais e seus temas transversais já presentes nas orientações de conteúdos e objetivos da formação escolar, abrem brechas para a inserção da Informática Educativa inter e transdisciplinar, como meio ferramental capaz de legitimar, no Projeto Pedagógico, a formação já considerada indispensável em qualquer setor de produção, informação e conhecimento de caráter crítico.

A inserção aos debates no HTPC, horário de trabalho pedagógico coletivo, da problematização desse novo paradigma educacional que exige mudanças estruturais e de comportamento, pode contribuir com professores e especialistas, reconhecendo-se na área tecnológica e na aplicação da informática seu caráter-meio, que atinge as múltiplas esferas da vida social e produtiva.

A comunidade de pais também deve assumir compromisso com essa formação buscando o diálogo nos conselhos de escola e em outras associações, de forma engajada, no sentido de compreender a importância desse conhecimento na formação educacional escolar, as dificuldades de implementação e as formas de organização possíveis para superar e agilizar as ações. Deve-se supor lugar de parceiro no processo de implantação da mudança na escola, reconhecendo os conhecimentos e saberes que devem ser construídos coletivamente e integrados ao currículo escolar e educacional.

Essas idéias convergem para a busca de uma cidadania digital, objeto de nosso estudo e discussão. Se antes a luta era por uma escola democrática e de qualidade para todos, uma vez que a educação não estava a contento da população advinda do sistema público de ensino, agora temos uma escola em descompasso com os ritmos da sociedade da informação e comunicação que regem a sociedade moderna. A organização da comunidade de pais, alunos, professores e gestores, nessa perspectiva, demonstra que:

> "... a luta pela educação, pela cultura, pelo saber e pela instrução encontra sentido, se inserida nesse movimento de constituição da identidade política do povo comum. Essa luta é um momento educativo enquanto representa uma movimentação, organização (...) As lutas pela escola e pelo saber, tão legítimas e urgentes, vêm se constituindo num dos campos de avanço político significativo na história dos movimentos populares e (...) construção da cidadania. (Buffa, 1988: 77-79)

A cidadania digital é apenas um desdobramento da cidadania pelo letramento. Essas reflexões nos aproximam de uma redefinição da relação entre cidadania e educação, tão largamente discutida na década de 1980. A luta pela cidadania digital significa reconhecimento e legitimação dos direitos do cidadão no acesso a saberes contextualizados no seu tempo. Para tanto, a escola formal, caracterizada como espaço político e pedagógico, de construção da autonomia pela leitura e letramento, necessita ampliar seu universo de parcerias a fim de realizar o objetivo de formação e constituição da emancipação e soberania da Nação.

Ação a distância de quê, de quem e de onde?

As novas formas de interação criadas pelo desenvolvimento dos meios de comunicação inauguram com elas novos tipos de ação com características e conseqüências distintas. (Thompson, 2002) São as ações à distância cada vez mais comuns no mundo moderno onde um ferramental disponível para a comunicação à distância permite um mundo em que os campos de interação se tornam capazes de serem globais em escala e alcance acenando com as possibilidades de uma transformação social mais acelerada pela velocidade dos fluxos de informação.

Queremos ressaltar das ações à distância, o ensino e a aprendizagem formalmente conceituados por educação a distância. Tradicionalmente conhecida e disseminada pelos meios de comunicação radiofônica como programas instrucionais, através de cadernos impressos distribuídos via Correios e Telégrafos e, mais recentemente, pela televisão em tele-aula, a aprendizagem à distância guarda identidade comum. Ou seja: no caso dos cadernos instrucionais, o estudante realizava seu curso, tendo em mãos um manual com exercícios para responder e enviar novamente ao órgão responsável por novas etapas.

A tele-aula tornou a transmissão dos conteúdos específicos mais próximos do aluno. Gravações de unidades-aula em estúdio de tevê mostram situações que ilustram a informação, representadas por atores de teatro e telenovela. Essas sessões de tele-aula acompanham o material impresso, que reforça a transmissão televisiva e orienta a avaliação escrita ao final dos módulos.

O sistema de tele-aula pode funcionar no interior de empresas para os funcionários, ou em escolas abertas ao público, geralmente da suplência de nível fundamental ou médio, para o qual demanda uma certa sistematização e formalidade, quanto ao local, à instalação da tevê e ao acompanhamento de monitor treinado e munido de manual impresso.

Com o desenvolvimento das tecnologias de informação e comunicação na rede Internet, a educação a distância ganhou novas perspectivas no que diz respeito à interatividade do aluno com os demais estudantes, o professor e os conteúdos, por meio de ferramentas educacionais que permitem encontros virtuais *on line* para discussão de conteúdos e reuniões de estudos, entre outros.

Enquanto se pondera ainda a eficácia do ensino à distância para a graduação, considerando os aspectos de maturidade dos estudantes e das motivações sobre a vida acadêmica universitária, nutridas, desde o cursinho, e ratificadas com a aprovação nos exames vestibulares, as experiências realizadas na pós-graduação apresentam resultados que confirmam os benefícios da educação a distância aos profissionais que buscam a formação continuada nos cursos *lato sensu*. São pessoas formadas em várias áreas, advindas de diversos setores produtivos e que clamam por capacitação ou atualização para responder aos chamados das mudanças de processos e da gestão da produção e das pessoas. No *site* de algumas universidades, encontra-se:

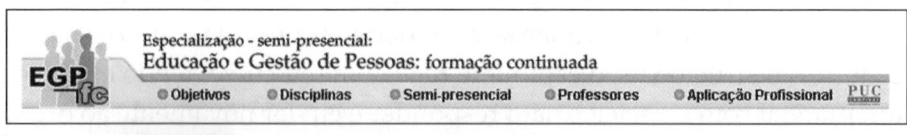

> Especialização - semi-presencial:
> **Educação e Gestão de Pessoas:** formação continuada
> ● Objetivos ● Disciplinas ● Semi-presencial ● Professores ● Aplicação Profissional PUC
>
> A turma de 2003 do Curso constitui-se de Profissionais advindos dos setores: Administração de Empresas, Psicologia, Pedagogia, Micro-empresários, Agentes de RH de Empresas Multinacionais, Bancos Federais e Estaduais, Instituições de Ensino e outros.
> Residem em várias regiões do Estado de São Paulo, como Ribeirão Preto, Marília, Campos do Jordão e outras. Realizam atividades *on-line diariamente, e, a cada 15 dias*, atividades presenciais obrigatórias.
>
> 🗐 NOTÍCIAS
> A Aluna Magda, áreas da turma de 2003, participou do Congresso Internacional sobre E-Learning — Miame/2003 com trabalho sobre a Formação do Gestor de Pessoas no Curso Semi-Presencial da PUC-Campinas.[7]
> A turma de 2005 constitui-se de Profissionais dos setores: Empresas, Hospitais, Escolas de Níveis Fundamentais e Médios, Ensino Profissionalizante, Micro-empresas, Agentes de RH de Empresas Multinacionais, Bancos Federais e Estaduais, Instituições de Ensino Superior e outros.

Figura 9

Esses cursos são mediados pelos encontros presenciais e pelas comunicações que podem se dar de modo síncrono ou assíncrono, ou seja, em tempo real ou em tempo diferido. Deixam ao aluno a flexibilidade da comunicação, que se dará em *tempo real*, por exemplo, o *chat*, quando todos devem estar ao mesmo tempo conectados ao sistema *on-line*, ou de modo *assíncrono*, que se desenvolve em tempo diferido, pois há um espaço de tempo entre a mensagem e a interação com ela. Nesse caso, a informação fica publicada, em quadro de mensagens, e as pessoas a acessam de acor-

---

7. *Homepage* de Curso de Pós-Graduação da PUC-Campinas, São Paulo, elaborado pela pesquisadora.

do com seu tempo e disposição de atenção ao conteúdo e o que se espera dele. Além disso, o próprio ambiente onde se disponibiliza o material de estudos é dinâmico e proporciona diferentes inserções a bancos de dados e bibliotecas virtuais para consulta e aprofundamentos. São os hipertextos, com infinitas vias de acesso e malhas que caracterizam uma rede, identificando o ciberespaço com seus nichos, tecnológicos e comunicacionais, que se tornam pedagógicos a partir do uso que se faz dele.

A interação professor e aluno é favorecida pelo próprio ambiente que, definido no Projeto Pedagógico do Curso, é assegurado pela própria filosofia que embasa a visão de educação e formação, que o ferramental tecnológico seja apropriado como meio e não como fim nas relações ensino e aprendizagem. Para isso, o ferramental ganha especificidade didático-pedagógica, e assume um caráter de sala de aula virtual, ampliada pelos *links* que conduzem os estudantes e professores a outros ambientes de pesquisa complementares às atividades em curso.

Esse ferramental, quanto mais acessível no sentido de ser facilitador de usos e aplicações, mais se aproxima da relação pedagógica convencional em seus aspectos formativos.

A educação a distância, utilizando a rede como ambiente de comunicação e interatividade, tornou-se uma modalidade de ensino que atende a um público com as mais diversas características. Destas, destacamos:

- aqueles moradores em localização de regiões distantes dos centros, onde há maior oferta de cursos e que buscam, na Internet, oferta que lhes seja compatível;
- aqueles que vivem cobrados no seu posto profissional, por atualização, na pós-graduação, seja acadêmica ou profissional, como diferencial de seu cargo;
- os que buscam a facilidade de acesso a meios que favoreçam a continuidade da formação, sem prejuízo das rotinas pessoais e profissionais. Incluem-se, neste universo, não apenas pessoas integradas ao meio produtivo, mas também aquelas que estão fora dele, as donas-de-casa, ou pessoas que concluíram o curso superior e encontram-se distantes dos assuntos atuais;

- impossibilidade de se ausentar das funções profissionais para freqüentar cursos convencionais que exigem 75% de freqüências às aulas;
- imposição do sistema onde atua em atendimento a normas de qualidade em processos de certificação da empresa, ou instituição;
- pressão e exigências de requalificação profissional e ainda o simples interesse próprio pela formação continuada e atualização.

A oferta de cursos à distância é normatizada pelo MEC nos termos das Resoluções e Pareceres que orientam a política de educação nacional e o ensino à distância:

— Lei nº 9.394, de 20 de dezembro de 1996. Estabelece as diretrizes e bases da educação nacional.

— Decreto nº 2.494, de 10 de fevereiro de 1998. Regulamenta o art. 80 da LDB. (Lei nº 9.394/96).

— Decreto nº 2.561, de 27 de abril de 1998. Altera a redação dos arts. 11 e 12 do Decreto nº 2.494, de 10 de fevereiro de 1998, que regulamenta o disposto no art. 80 da Lei nº 9.394, de 20 de dezembro de 1996.

— Portaria nº 301, de 7 de abril de 1998 (Ministério da Educação). Define normas para credenciamento de instituições para a oferta de cursos de graduação e educação profissional tecnológica à distância.

— Resolução CES/CNE nº 1, de 3 de abril de 2001. Estabelece normas para o funcionamento de cursos de pós-graduação.

— Parecer CES/CNE nº 908/98. Especialização em área profissional.

— Parecer CES/CNE nº 617/99. Aprecia projeto de Resolução que fixa condições de validade do certificado de cursos de especialização.

— Portaria nº 612, de 12 de abril de 1999, e Portaria nº 514, de 22 de março de 2001. Autorização e Reconhecimento de cursos seqüenciais.

Além do sistema educacional, outras instituições e empresas oferecem cursos à distância para atender objetivos comerciais ou de caráter social. Os primeiros, geralmente, trazem nos objetivos a divulgação de um produto novo e sua inserção no mercado e na cultura de consumo. Os de caráter social são os que nos interessam nesta pesquisa.

A Educação a distância, de caráter social, visa elevar a qualidade de vida e das relações das pessoas, na atual sociedade competitiva e de caráter transitório, em seus processos produtivos e de comunicação.

A abertura do espaço virtual para os mais variados interesses ocupou-se também da venda de produtos através de cursos à distância. Já falamos antes sobre estratégias da indústria de *software* para a testagem de novos produtos e para a geração de demanda para seu consumo. Elas oferecem parcerias com as ONGs sob o atrativo da oferta gratuita do ferramental em questão e da regulamentação de laboratórios e equipamentos, assumindo também o treinamento para uso e aplicações.

Identificamos em nossa pesquisa práticas de ensino à distância dedicadas à formação continuada de professores da rede pública de ensino, ocorrendo, na maioria das vezes, por meio de parcerias com empresa de *softwares*. É o caso, por exemplo, do IQE — Instituto de Qualidade no Ensino — que desenvolve cursos à distância para professores do ensino fundamental e médio, em vários estados brasileiros, tendo como parceira a IBM, e seu produto, *E-learning Village*, como plataforma tecnológica.

Nossa avaliação dessas parcerias e interesses comerciais nelas guardados compreende uma averiguação dos benefícios de aprendizagem e de novos conhecimentos que os professores possam ter com o contato com essas tecnologias. Além disso, resta-nos a reflexão sobre os desígnios da sociedade atual em relação ao desenvolvimento das engenharias de *softwares* e a hegemonia da indústria estrangeira sobre o Brasil.

Se, por um lado, tecemos nossas críticas ao consumo de tecnologias importadas, em lugar de incentivos às pesquisas de tecnologias internas, nacionais, lembramos também das possibilidades de utilização de plataformas e ambientes educacionais na rede, com produtos genuinamente nacionais, que talvez não sejam tão divulgados no meio educacional. Além disso, o conceito de propriedade tecnológica e do conhecimento ganha novas formatações e valores no universo da Internet.

O NIED, Núcleo Integrado de Informática Aplicada à Educação da Universidade Estadual de Campinas, UNICAMP, na Cidade Universitária Prof. Zeferino Vaz, no Bloco V da Reitoria, no distrito de Barão Geraldo, Campinas, São Paulo, desenvolve pesquisas e ferramentas tecnológicas potenciais de aplicações didáticas.

O TelEduc, ambiente educacional gratuito, desenvolvido pela equipe do NIED, oferece bases para ensino à distância, interativo e passível de avaliações processuais da aprendizagem. Vide nied@unicamp.br ou http://www.nied.unicamp.br.

Outras universidades brasileiras investem em pesquisas de novos ambientes educacionais, livres do assédio do comércio internacional, representado por empresas multinacionais sediadas no Brasil, ou mesmo de nacionais que já utilizam a tecnologia e se prestam à sua disseminação em terras brasileiras.

Ferramental tecnológico e construção de aprendizagens

Enfatizamos como ferramental tecnológico todas as possibilidades de interações presentes no contexto das novas tecnologias de informação e comunicação, para a construção de aprendizagens resultando no conhecimento.

O ambiente criado pelo ferramental da informática e das telecomunicações, sintetizado na Internet, constituída, por sua vez, de *sites* e *home sites* portadores de informações, estabelece uma nova comunicação, exigindo, conseqüentemente, uma nova postura do leitor e usuário desse ambiente.

Apesar de admitir que é necessário um letramento digital para apreender tais mecanismos de comunicação, é possível destacar elementos que o facilitam por assumirem um caráter didático de fácil compreensão dos percursos e apropriação da informação. Em síntese, o caráter pedagógico de um *site* se revela pelo seu potencial de comunicação, linguagem didática, e interatividade com o leitor e ou pesquisador, promovendo cada vez mais a autonomia para seu uso e a capacidade de seleção crítica dos ambientes.

A comunicação se constitui em um dos elementos que traduzem os objetivos, para que e para quem se aplica o conteúdo. Transparece na dimensão e forma, caracteres utilizados, termos empregados na linguagem, imagens, cores, movimento e a distribuição desses elementos no espaço visual.

A linguagem didática se mostra na construção clara, objetiva, explicativa e de fácil compreensão do conteúdo. Deve considerar para quem se dirige — público — por que e qual a especificidade que guarda e necessita explicitar. Pressupõe conhecer o perfil da demanda, ou seja: quem é, o que faz e pensa e por que busca a informação a pessoa que acessá-la? A que universo cultural, social e profissional pertence? Que condições de letramento apresentam?

A interatividade se torna factível pela linguagem didática, que aproxima o leitor e o torna parte da comunicação e também pelos *links* inseridos ao texto. Um *link* é uma opção de janela que se abre em determinados pontos da comunicação, com o objetivo de desdobrar explicações ou apresentar exemplos, relacionar fatos, formas e situações, caracterizando o hipertexto. São portas que se abrem num percurso novo, indicando passos, caminhos e cenários também entrecortados de outros *links*.

A possibilidade gerada pelo hipertexto conduz o trânsito do leitor numa experiência que agrega informações, dinamiza o acesso a novos elementos dispostos para interpretação com a ampliação do exercício de estabelecer relações e formas, bem como apresentar sugestões de novas sínteses, favorecendo a pesquisa e a produção de conhecimento.

Já dissemos antes que a informação só produz conhecimento quando trabalhada, ou seja refletida num dado contexto de interesse e necessidade do saber. Pois somente a partir da elaboração cognitiva é que ocorre a construção de novos saberes, causados pela informação, tramitados na rede.

A elaboração cognitiva — exercício intelectual que reúne reflexão e questionamentos fundados em hipóteses e na dúvida — depende da linguagem didática usada e nela a inserção do *link*, sua pertinência quanto aos conteúdos, formas, imagens, cores, sons e movimentos, dando-lhe caráter de complementaridade dos conteúdos e informações, influenciando na retenção da atenção e na motivação para a auto-aprendizagem do sujeito leitor e ou pesquisador.

Se o *link* desvia o rumo para o qual foi pensado, ocorre quebra e dispersão do percurso mental de quem o trilha, o que se dá tanto pelo fato de os textos explicativos sugeridos no *link* serem desconexos e sem identidade com o tema em curso, como pelas imagens, dimensão, formas, cores e movimentos que sugere e induz, direcionando outros percursos mentais ou simplesmente interrompendo e distraindo o trabalho cognitivo. Essa situação gera uma sensação de inutilidade e perda do tempo empregado no trânsito e leitura, nem sempre consciente por parte do leitor que se dispõe à auto-aprendizagem. O desvio pode atrasar o trabalho e até mesmo levar ao desinteresse e à desistência.

Concluímos assim que as imagens, cores, formas, movimentos e sons de um *link* devem reverter na dinamização e interatividade do texto e seu objetivo cognitivo. São complementos opcionais para o leitor usar ou não. Mas, se usar, deverá acrescentar motivação e interesse para continuar o trabalho mental. O conteúdo do *link* deve ser criteriosamente avaliado na sua pertinência tendo em vista a linguagem didática, o para que e com quem interage. A localização do *link* no texto ou na imagem deve também ser criteriosamente avaliada, tendo em vista sua função de complementaridade e ampliação da informação.

Esses aspectos, tomados pela visão da apropriação do conhecimento, sintetizam o caráter pedagógico das tecnologias de informação e comunicação na Internet e produtos na medida em que potencializa auto-aprendizagem e opera a construção interativa do conhecimento.

A comunicação se torna sociabilizada porque pedagógica e fértil de situações e percursos de aprendizagens. Congrega elementos que dão vida presencial e atingível pelos sentidos mentais ao *site*, seu idealizador e gestor. Não basta elaborar e disponibilizar o material da comunicação, é preciso geri-lo no processo e universo a que pertence.

A gestão da comunicação que se pretende sociabilizada na Internet, não se reduz a mero gerenciamento do ferramental e sua funcionalidade. Não se reduz também ao visual e estética, e muito menos a um dado padrão de projeto de qualidade ou algo que o valha. Não basta estar no ar!

Mas acompanhar os impactos e os desdobramentos do estar no ar. Conhecer o público usuário e seus interesses, a pressão que sofre, as necessidades que alimenta e as urgências de informação e domínio de saberes sociais e intelectuais que carrega. Surge assim um novo paradigma de Gestão da Comunicação a partir das tecnologias de informação e comunicação potencializadas pela Internet. Reconhecimento que busca na sociedade os saberes que necessita para sua realização.

O estar à distância, o aprender à distância, é a situação presente nos debates críticos da educação. Remete à frieza da interação com a máquina em relação à dinâmica das relações sociais e inter-pessoais presentes na experiência do ensino e aprendizagem convencionais. Mas quem é que está distante e de quê? De quem? De onde? O usuário da comunicação está distante da escola, universidade, ONG, empresa, fonte dos dados e informações, biblioteca, jornal, revista, livro, laboratório, de onde vem a informação. O gestor da comunicação com o usuário está presente para além dos — falidos — horários comerciais.

Quanto às exigências ou aos benefícios da relação ensino e aprendizagem do paradigma convencional, as descobertas e programações computacionais, aliadas às artes plásticas e visuais, música eletrônica e software, subsidiados na semiótica, alivia o distanciamento pela dinâmica hipertextual da comunicação no *site* pedagogicamente elaborado e de gestão também pedagógica processual, subentendendo-se intencionalidades a serem desveladas como uma espécie de currículo oculto.

O currículo oculto da Internet

O conceito de currículo oculto surgiu numa perspectiva crítica aos currículos, utilizado pela primeira vez em 1968 por Jackson, na obra *Life in classrooms*, que afirmava que os interesses dominantes procuram dar um sabor à vida em sala de aula de tal forma que professor e aluno, através de um currículo oculto, assimilem valores que orientem para o sucesso, na verdade, o ajuste ou enquadramento à sociedade. De lá para cá, o conceito de currículo oculto foi largamente explorado, segundo Silva:

Ele condensa uma preocupação sociológica permanente com os processos invisíveis, (...) ocultos na compreensão que temos da vida cotidiana. A noção de currículo oculto constituía, (...) um instrumento analítico de penetração na opacidade da vida cotidiana da sala de aula (...) Nesse sentido, o conceito continua sendo importante... (Silva, 1999: 80)

O currículo, segundo Silva e Moreira (2002), guiado por questões sociológicas, políticas e epistemológicas, deixou de ser uma área técnica reduzida a procedimentos metodológicos, tornando-se uma tradição crítica voltada para o questionamento sobre o "porquê" das formas de organização do conhecimento escolar. Por esta razão o currículo passa a ser um artefato cultural determinado, social e historicamente, num dado contexto. Não é neutro; pelo contrário, está vinculado a relações de poder. Transmite visões sociais particulares e interessadas:

> ... o currículo produz identidades individuais e sociais particulares. O currículo não é um elemento transcendente atemporal — ele tem uma história, vinculada a formas específicas e contingentes de organização da sociedade e da educação. (Silva e Moreira, 2002: 8)

Assim como Tomaz Tadeu da Silva e Antonio Flávio Moreira que, em seus estudos sobre Currículo, Cultura e Sociedade, discutem o currículo numa visão sociológica, pautada na Teoria Crítica do Currículo, outros teóricos e especialistas abordam a Sociologia Educacional e as Políticas de Educação sob o olhar desvelado das ideologias que permeiam o currículo escolar, ocultadas nas disciplinas, nos conteúdos, nos objetivos de ensino, na avaliação e na metodologia. Tais estudos objetivam conscientizar para uma visão crítica dessas ideologias, desmistificando-as e tomando-as em favor da emancipação histórica do sujeito educando e do educador. As ideologias guardam tendências e valores embrenhados na decisão de ensinar isto e não aquilo, desta e não de outra maneira, com este e não aquele livro didático etc. Tudo para um determinado fim, ocultado.

Essa tendência encontra-se também na comunicação e seus objetivos subliminares ou ocultos, revelando a estreita ligação entre o mercado e os meios de comunicação de massa. A mídia usa como estratégia estruturar antecipadamente nossa percepção ou concepção da realidade através da comunicação. Para Kehl:

> A mídia produz os sujeitos de que o mercado necessita, prontos para responder a seus apelos de consumo sem nenhum conflito, pois o consumo — e, antecipando-se a ele, os efeitos fetichistas das mercadorias — é que estrutura subjetivamente o modo de estar no mundo dos sujeitos. (Kehl, 2000: 85)

A autora nos leva a reforçar o apelo à educação crítica, à leitura contextualizada e consciente da realidade e da expressão comunicadora, seja oral, escrita ou visual. Uma leitura que apreenda a subjetividade ou as tendências ocultadas na informação e na forma de transmiti-la e expressá-la para reconhecer criticamente os bens sociais e realizar sua integração e cidadania. Para Soares:

> Educar para uma sociedade mutante e complexa implica desenvolver capacidade de agir de forma a entender, antecipar, avaliar, enfrentar a realidade com ferramentas intelectuais, críticas e seletivas. (Soares, 2001: 80)

Da mesma forma que a Internet expõe, num mesmo movimento, os usuários a uma constante captura pelos controles dos bancos de dados, promove também brechas livres de vigilâncias, barreiras e censuras, tornando os muros porosos para o bem e para o mal (Saraiva, in: Derrida & Educação, 2005). Se por um lado a privacidade é ameaçada pelos bancos de cadastros e serviços que se multiplicam sem controle invisíveis e sutis, é também nesse ambiente que circulam informações nunca antes possíveis. Informações que normalmente seriam vetadas por interesses de alguns, circulam denunciando ou implorando ajuda de forma desmedida e livre.

A Internet caracteriza a sociedade mutante da qual nos fala a autora. Ela é alvo de uma forte disputa entre um viés de mercado, que ocupa os espaços virtuais para vender seus produtos e suas idéias, e um viés democrático, pela própria natureza revelada no modelo que democratiza o acesso a informações com eficácia e qualidade. Os sítios ou *sites* tornam o produto disponível a quem desejar. Fazer uso desse espaço, de forma comprometida com o fortalecimento dos meios potenciais de emancipação e cidadania, significa apoiar a vertente da *web* que democratiza o conhecimento de qualidade, com seu impacto no desenvolvimento social e econômico.

O ciberespaço constituído de informações acessíveis pela rede Internet é composto de tecnologia e de gente. É um sistema que possui, como o sistema educacional, um currículo que se mostra na vitrine virtual, e se oculta na comunicação e no produto dela. Os objetivos nem sempre são claros e explícitos. Os fins atendem a um determinado objetivo na maioria das vezes e quase sempre comercial, lucrativo ou de disseminação de valores e tendências. Tanto quanto a educação escolar, a aprendizagem através dos mecanismos da Internet, seus conteúdos e liberdade de trânsito em hipertextos, deve ser tomada pela pedagogia problematizadora, desafiando, interrogando, desvendando relações de interesses, poder e desigualdades sociais, privilégios e restrições, subordinações tecnológicas e ferramentais em nome da indústria de *software* e da dominação cultural.

A busca de uma educação de qualidade e de uma participação aos benefícios advindos da tecnologia, implica desmistificar seu uso e cultura dominante e transformá-la em objeto de análise, apreendendo seus mecanismos para dominar sua linguagem, comunicação e aplicações.

Só é possível fazer uso, e beneficiar-se das informações disponíveis nos ambientes tecnológicos, às pessoas que possuem conhecimento sobre os mecanismos de acesso, e mais: sobre a informação, seu conteúdo e tendências que guarda, ou seja, é necessário postar-se em atitude de criticidade seletiva que ocupa, resguardadas as proporções e contextos históricos, o mesmo lugar da alfabetização crítica promovida pelo pensamento de Paulo Freire. O letramento digital soma os conceitos de alfabetização crítica, pautados na leitura do mundo que precede a leitura da palavra e a apreensão dos fenômenos que permeiam as relações sociais.

O compromisso com essa educação ultrapassa os limites da escolaridade e avança outros setores, por exemplo, o da comunicação social e o dos profissionais gestores da comunicação dispersa nas redes.

Como se apresenta uma comunicação comprometida com a apreensão dos conteúdos pelo usuário, de forma que resultem em conhecimento e democratização de saberes para sua apropriação e emancipação social?

É possível agregar o caráter pedagógico à comunicação da informação?

Gestão da comunicação: uma análise pedagógica

O profissional responsável pela elaboração da comunicação é quase sempre um profissional de *design* conhecedor da tecnologia de comunicação, suas aplicações e funcionalidades na rede Internet. Agrega conhecimento sobre o *software* que melhor se aplica a este ou aquele formato de comunicação e sabe como fazê-lo atender a seus objetivos. No entanto, esse conhecimento apenas não basta para que se complete o círculo da gestão da comunicação de fins educativos. Depende-se ainda do conteúdo e este é o responsável pela sustentação da comunicação, subsidiando todo o processo em sua interatividade, estética visual, coerência temática das informações passível da produção de conhecimento.

Com o advento do paradigma educacional emergente do ciberespaço, surge uma demanda de um profissional arquiteto da comunicação na *web*, que não se limite ao domínio técnico do ferramental em sua funcionalidade, o analista de sistemas, ou estudos sobre usabilidade, ou estética visual e plasticidade, mas um perfil profissional aberto para agregar a multiplicidade de áreas envolvidas no processo de elaboração e gestão da comunicação, tendo em vista o caráter de sociabilidade que carrega. Pedagogos, artistas plásticos, arquitetos, analistas de sistemas e de telecomunicações, tecnólogos, roteiristas, fotógrafos, e outros são chamados a compor equipes multidisciplinares em resposta a essa demanda.

Dentre os equívocos que transparecem nesse sistema de comunicação, um diz respeito à determinação dos conteúdos. A idéia de que basta ter um projeto detalhado, e dele fazer o *site*, é a que predomina. No entanto resta saber: qual é o conceito de projeto? Como se dá a linguagem e o potencial de compreensão quanto ao objeto principal ou produto, objetivos gerais, ações previstas, públicos identificados como demanda, desenvolvimento e avaliação processual das ações, previsão e resultados que espera obter de sua ação e para quê?

Resta saber ainda o que do projeto deve ser apresentado para o público externo e o que só interessa aos coordenadores e pessoal envolvido nas ações internas.

Muitas vezes o projeto é entregue para o *web* designer que fica responsável por extrair dele as informações que necessita inserir.

A definição de conteúdos de um *site* pode ser feita a partir de um projeto; no entanto, deve ser feita a partir de estudos e planejamento do grupo que vai desenvolver as ações previstas ou declaradas no projeto. Deve ter a clareza dos objetivos e da forma como se realizará, dos procedimentos metodológicos, ferramental didático e da avaliação. Estabelecer um roteiro detalhado da metodologia da comunicação pretendida é uma forma de prever os resultados e proporcionar pistas para a avaliação de sua eficácia.

No caso da comunicação das ações do Terceiro Setor na Internet, nosso objeto neste estudo, há que se pensar em duas avaliações: a do conteúdo relacionado ao projeto social, atividade, serviço e empreendimento que realiza, e a avaliação das ações, atividade principal do projeto numa transparência de sua gestão administrativa. Para quem declaram. Como o fazem, com que ênfase e linguagem.

A avaliação do *site*, seus mecanismos da comunicação, deve ser pensada no momento da arquitetura, inserindo nela o ferramental que auxilie na sua avaliação realizada processualmente na medida em que ele é acessado pelos usuários, potencializado pelo instrumento de coleta de dados que favoreçam a avaliação e sua transparência.

A gestão permanente do *site* permite o acompanhamento de sua repercussão e a partir de um determinado tempo no ar, deve ser avaliado sobre a eficácia para que veio. Costuma-se utilizar a ferramenta que enumera as visitas ao *site*. Ou seja, a cada acesso feito, automaticamente ele registra, indicando o total de visitas recebida. Essa é uma avaliação quantitativa de acesso. No entanto, em se tratando de um *site* cujo objetivo é a sociabilização da informação com perspectiva de produção de saberes, é preciso muito mais.

Com a ajuda de programadores e criadores de *software* é possível otimizar ferramentas de coleta e organização de dados, a partir de indicadores dos objetivos do acesso ao *site*, o perfil do sujeito leitor e ou pesquisador, interesse e grau de urgência no acesso à informação, entre outros critérios a serem pensados em planejamento com a participação de todos os sujeitos envolvidos.

Quanto à ação que é declarada atividade da instituição, objeto de interesse de quem acessa o *site*, deve também trazer explicitada sua avaliação. Se a atividade prevista consta da oferta e realização de cursos de capacitação para novas habilidades a trabalhadores desempregados, é preciso que se declare como isso será feito e avaliado. Qual o perfil do sujeito a quem se destina? Que conhecimento produzirá e como poderá ser aplicado? Qual o tempo previsto para início e conclusão? Que resultado se espera causar?

Somente quem pensou o projeto desde sua nascente, planejou o processo de desenvolvimento de suas ações, é capaz de orientar o conteúdo e a forma da comunicação predominante no *site*.

A falta de capacitação específica e as urgências que levam a pessoa usuária, passiva de tecnologia, a possuir seu espaço na vitrine virtual da Internet, gera um clima desfavorável tanto para o *web* designer em seu trabalho de arquitetura do *site*, como do usuário solicitante do trabalho, que não alcança os limites desse processo, sua dinâmica e desdobramentos.

Essa pesquisa nos colocou face a face com estas questões. A falta de entendimento ou a má-fé leva alguns a declarar, como atividades efetivas, ações que são apenas ensaios ou intenção para o futuro. Essa situação coloca em risco a credibilidade da comunicação recorrida para pesquisas e outros fins sociais.

A leitura crítica dessa realidade, então, vem juntar-se às demais formas de criticidade exigidas na educação para a cidadania plena de compreensão e de participação social. Condição que eleva a perspectiva do letramento digital e da emancipação social na sociedade do conhecimento e sua dinâmica. Os distanciamentos sociais alargados com a sofisticação dos meios de comunicação tecnológicos podem ser reduzidos com a atribuição de um caráter pedagógico, educacional de seus mecanismos de informação e comunicação democrática porque didática e acessível ao entendimento.

O caráter pedagógico da Internet se revela no uso que fazemos ou sugerimos que nosso educando faça dela, mas também a comunicação da informação nela disponível pode assumir caráter pedagógico, seja pela linguagem escrita e visual, seja pelo acesso definido em sua arquitetura.

Neste contexto insere-se o leitor e com ele novas exigências advindas da experiência de leitura.

Leitores e Leitura: transformações da experiência

Refletir sobre a leitura e a experiência do leitor torna-se matéria obrigatória dos que pensam os projetos de gestão da comunicação na *web*, considerando que a leitura é tema multidisciplinar, não mais restrito a lingüistas, pedagogos alfabetizadores e outros profissionais da comunicação e linguagem. A tarefa de promover a interatividade, potencializando a capacidade da comunicação com vistas à socialização de saberes, torna esse debate de interesse também dos analistas e programadores de sistemas, psicopedagogos, publicitários, arquitetos, entre outros já citados.

Partimos do marco estabelecido pelo livro impresso e portátil referencial das transformações ocorridas na ação do leitor e difusão da leitura. Associamos a este poderoso instrumento estático e fiel portador de conteúdos fixos nele, identificados nas páginas impressas e imutáveis, o ciberespaço, de natureza dinâmica e móvel, sem rota fixa ou conteúdos imutáveis, que instala novas experiências de leitura.

Partimos da crença de que não há dúvidas sobre o diferencial entre a experiência de leitura na matéria estática e na digital móvel. A interatividade presente na experiência de leitura virtual e tomada como aparente novidade no hipertexto, não nos parece um diferencial convincente. Isto porque, na leitura estática, a interatividade também ocorre na medida em que o leitor exercita conexões mentais com outras informações que antecedem a leitura e se relacionam no ato de ler, caracterizando a interatividade.

No hipertexto, a interatividade se instala de modo físico, ou seja, nos deparamos com ela diante da leitura, sem a conexão mental da experiência anterior. O percurso pelo texto indica novos elementos estabelecendo uma experiência de leitura pautados em novos saberes de acesso e apropriação do conhecimento contido na comunicação.

Nossas análises são fundamentadas em Santaella (2004), que desenvolve em seus estudos sobre interatividade em hipermídia a integração entre corpo e mente pela leitura. Classifica três tipos de eleitores: o contemplativo, o movente e o imersivo para explicar a transformação sensório-cognitiva da experiência de leitura, contextualizada nas mudanças econômicas e sociais.

Para a autora, o comportamento silencioso instalado nas bibliotecas universitárias da Idade Média central tornava a experiência de leitura centrada no movimento do olho sem rumores ou gesticulações. A imprensa de tipos móveis, desencadeada por Gutenberg, foi a grande responsável pela disseminação do livro impresso e fácil de transportar,[8] diferente dos anteriores confinados nas bibliotecas dos mosteiros, como mostrou a obra cinematográfica *O Nome da Rosa*, baseada em romance homônimo de Umberto Eco, e foi relevante para o desenvolvimento do hábito de leitura.

A leitura silenciosa permaneceu como prática obrigatória por séculos. Na escola tradicional, era parte de estratégias para impor a disciplina de estudos, diferenciada pela leitura em voz alta, autorizada pelo professor em situações específicas.

O tempo da leitura silenciosa é diferente do tempo da leitura em voz alta pois, na segunda, o ato de pronunciar cada palavra, respeitando entonações e pontuações, exige tempo maior.

A leitura silenciosa possui a característica de ocupar o espaço interior da mente, restringindo toda a atenção no estabelecimento das relações com o texto e as palavras. Na leitura silenciosa, o leitor: "tinha tempo para considerar e reconsiderar preciosas palavras cujos sons — ele sabia agora — podiam ecoar tanto dentro como fora..." Manguel (1997: 68. In: Santaella, 2004). Além disso, a leitura silenciosa exercitava a concentração do pensamento, meditação individual sem o que "... estaria disperso. A concentração, ao mesmo tempo em que assegurava a difusão de idéias em um tempo mínimo, criava com a prática um novo hábito de trabalho intelectual" (Febvre, 1991: 15. In: Santaella, 2004). Foi esse hábito que difundiu também a produção literária e a profusão de livros.

---

8. Lembrar que antes de Gutenberg os livros eram verdadeiras obras pesadas pelo tamanho e carregadas de ilustrações e elementos que inviabilizavam seu manuseio longe das grandes bancadas e mesas das bibliotecas medievais.

A leitura classificada como contemplativa vem do recolhimento para o espaço de leitura, nas bibliotecas, separado dos lugares de divertimento e outras circunstâncias externas ao sujeito leitor. Num silêncio que pode caracterizar, em lugar do aparente isolamento, um intenso trabalho mental do leitor ocupado em captar visões, percepções, promover inferências, julgamento, conhecimento, experiência e prática, do texto, numa tentativa de construir sentidos dentro das regras da linguagem e das idéias do autor.

O leitor contemplativo é aquele que tem a certeza de poder voltar à leitura quantas vezes desejar, de poder suspendê-la para análise e outras leituras complementares e auxiliares da compreensão, e retomá-la indefinidas vezes. Ela estará sempre lá, no livro estático em sua estante para ser contemplado, meditado em qualquer tempo. É o leitor que assume procurá-lo e torná-lo vivo com sua intervenção de leitura numa dedicação em que o tempo não se limita.

As transformações movidas pelo capitalismo em expansão refletidas na dinâmica das cidades e no comportamento das pessoas são as referências histórico-sociais que inspiram a caracterização de um outro tipo de leitor, diferente do contemplativo: o leitor movente.

As mudanças nas bases produtivas operadas pelo desenvolvimento tecnológico e o modelo econômico em ascensão destacam-se nas cidades, pessoas e meios de transportes, traçando marcas das transformações. As ferrovias percorrem distâncias ligando as cidades por trilhos, dinamizando a comunicação e a locomoção, antes limitadas ao transporte de força animal. Concentra toda a comunicação paulatinamente nos centros urbanos, deixando aos poucos o glamour dos nichos rurais com suas fazendas, cafezais e todo o cenário bucólico que imperou no imaginário das pessoas por séculos.

O telégrafo, o telefone e mais tarde a imprensa de opinião com notícias rápidas, imediatas e "quentes" surgem como resposta ao dinamismo da cidade favorecendo as pessoas nas rotinas feitas de encontros e desencontros. As redes elétricas iluminam o crescimento e as novidades da metrópole em seu progresso técnico refletido na arquitetura, galerias, cassinos, museus, na moda e na imaginação moderna, rumo à lógica do consumo urbano.

A metrópole e o espaço urbano ocupou obras literárias como a de Benjamin (1994), que retrata "o movimento contínuo e a proximidade física quase promíscua dos corpos que se esbarram nas calçadas tumultuosas, num aumento radical da estimulação nervosa no risco corporal — movidos pelos deslocamentos rápidos e sensorialidade intensa produzida pelo excesso de estímulos". Por estas e outras análises das transformações das cidades e com elas das pessoas, um cenário volátil começa a se compor neste contexto.

A ressignificação dos valores transformados em mercadorias trouxe com ela a publicidade povoando a cidade com imagens, sons e luminosos, favorecida pela técnica de impressão e fotografia animando o imaginário das pessoas com cenas e objetos familiares. As mensagens visuais da publicidade na nova comunicação pública torna a vida cotidiana uma superexposição de imagens e cenas que atravessam a consciência, para desaparecer rapidamente tornando volátil a informação.

Surge neste ritmo e contexto o leitor distraído por sensações fluidas, tornando sua percepção instável, comprometendo o que deve ser retido e retomado da informação para se tornar conhecimento reflexivo, sobre o que não precisa ser retido.

Nesse trânsito, a comunicação pública salta diante do leitor em proporções de impacto pelo espaço que ocupa. Setas, diagramas e sinais de orientação se misturam com outros de propaganda. O texto está por toda parte se movendo em imagens e signos e o leitor contemplativo e sem urgências é obrigado a mudar sua marcha sincronizando-a com o mundo. Apreende a transitar entre linguagens e objetos num fluxo que se move da imagem ao verbo, do som para a imagem, tarefa esta acentuada pela televisão.

As mudanças na experiência de leitura do leitor contemplativo do livro estático para a do leitor do movimento e ritmos mesclados de significados e interpretações, é uma mudança intermediária da leitura imersiva da era digital.

O século XXI marcou sua chegada com a era da digitalização de sons, imagens e textos na linguagem universal dos *bites* de 0 e 1 compondo o banco de dados virtual:

Aliada à telecomunicação, a informática permite que esses dados cruzem oceanos, continentes, hemisférios, conectando numa mesma rede gigantesca de transmissão e acesso (...) Tendo na multimídia seu suporte e na hipermídia sua linguagem, esses signos de todos os signos estão disponíveis ao mais leve dos toques, no clique de um mouse. Nasce aí um terceiro tipo de leitor, um leitor imersivo, distinto dos anteriores. (Santaella, 2004: 32)

Conforme assinala a autora, um novo tipo de leitor nasce dessa experiência de navegação e leituras de rotas. Na tela, a leitura imersiva se dá pela liberdade do leitor na escolha dos nexos e direções, definindo seu próprio percurso, construindo o próprio roteiro, ocupando-se apenas de manter a rota que o leva até os conteúdos num estado de prontidão. Conectando-se nas malhas e em seus nós num labirinto do qual participa da sua construção na medida em que interage com imagens, palavras, signos etc. Cada nó da teia uma nova dimensão se abre com outros tantos nós. Um mundo virtual que se torna real ao clique do mouse.

O leitor imersivo surge, segundo Santaella, da lacuna entre o leitor contemplativo e o movente, constituindo-se de características cognitivas pouco exploradas pelos pesquisadores, por ser ainda tão nova.

As grandes transformações sensório-motoras, perceptivas, cognitivas e de sensibilidade provocadas pelo que Benjamin (1975), inspirado na leitura de Pool e Baudelaire (In: Santaella, 2004), chamou de estética do choque como definidora da modernidade.

Há que se considerar ainda que as transformações acima citadas trazem conseqüências para uma nova sensibilidade física e mental, baseada em ações de decodificação de sinais e textos ou de decisões cognitivas na solução de problemas.

Essas transformações não podem ser ignoradas ao se tratar da educação e dos saberes necessários para uma integração social plena de cidadania.

Capítulo IV

Práticas educativas e o Terceiro Setor: entre o proclamado e o factível da comunicação no ciberespaço

Introdução

Dentre as ações presentes nos projetos sociais das Organizações Não-Governamentais, está a educação para complementação da escolaridade ou a reinserção no mercado de trabalho, sempre sob a tônica da conquista da cidadania e da emancipação social com a autonomia econômica, ou seja, garantia de emprego.

O desenvolvimento das tecnologias de informação e comunicação e o surgimento de um ciberespaço constituído de plataformas e ambientes virtuais que alojam e disponibilizam informações, a Internet, abriu um novo canal de sociabilização cultural e informativa, de comércio e entretenimento. Um *shopping center* virtual, cujas vitrines são os *sites* e as mercadorias ou produto, os conteúdos neles expostos.

Tornou-se comum, e até mesmo exigência da competição do mercado, a ocupação desses espaços virtuais para divulgação de seu negócio, sua marca e seus projetos. Tanto os órgãos públicos, federais, estatais e municipais, como a iniciativa privada encontram-se lado a lado nesse ambiente. O que há de diferente entre eles são as tecnologias e sofisticações do designer, na arquitetura da *web*, os recursos, a qualidade da comunicação, sobretudo, a facilidade de acesso rápido pelos usuários desse sistema. A enorme exposição de atrativos neste universo torna o tempo, dedicado ao trânsito por ele, precioso e também dispersivo. Além da forma como o *site* se apresenta (disposição de informações, estética das imagens e sons), o objeto em si que carrega deve saltar como ponto de ouro perceptível aos mais diversos tipos de olhares e graus de interesse nele e por ele.

O mesmo uso que se faz das páginas amarelas na consulta a listas telefônicas se faz hoje na Internet na busca de informações e serviços, abertura de contatos para comunicação e atendimentos, via e-mail (telegrama eletrônico) e outras ferramentas. Com isso, um novo sistema de *marketing* se desenvolve com estratégias plásticas e visuais, motivando a concorrência deste novo meio de comunicação, sob outras formas de controle e regulamento, o que demanda aprendizagens para seu uso.

É neste espaço que realizamos nossa pesquisa, buscando nas vitrines do Terceiro Setor seus serviços, objetivos, e ações que realizam para alcançá-los. A educação é a categoria central de nosso interesse na investigação, seu desenvolvimento através de práticas de ensino à distância é o foco.

Lembramos que, para facilitar os registros dos dados coletados na *web*, utilizamos uma ferramenta que os armazena durante a busca para posterior análise. É a *Cogitum Co-Citer* disponível na Internet.

Pesquisa, tempo e lugar: mobilidades da fonte

Como já dissemos antes a pesquisa que se desenvolve a partir dos cenários da Internet assume dinâmica e características próprias e requer organização metodológica para que a coleta e o registro dos dados cumpram os objetivos.

O fato desse universo se apresentar de forma hipertextual com alterações e mudanças inesperadas em seu banco de dados, atualizados freqüentemente pelos seus usuários, faz a pesquisa requerer instrumentos que permitam não apenas coletar as informações, mas retornar a elas periodicamente, a fim de ajustar possíveis alterações.

A delimitação do tempo em que ocorre a coleta de dados, como em qualquer pesquisa, torna-se ainda mais exigente neste caso, uma vez que a mobilidade do campo na disponibilização de informações foge ao controle do pesquisador. Além disso, o próprio campo pode desaparecer em alguns períodos para atualização de dados, ficando o pesquisador impedido de novas inserções e acompanhamento.

As atualizações dos dados nem sempre sofrem ajustes que favorecem o esclarecimento, como é o que se espera. No caso do Terceiro Setor, essa situação é ainda mais grave, pois quando a Instituição depende de voluntários para elaborar o seu *site* e atualizá-lo, o tempo entre uma atualização e outra coloca em risco a informação.

Ocorrem também situações em que a instituição consegue um voluntário para elaborar seu *site* constituído pelos conteúdos do projeto social e das ações previstas ao longo de um dado período, nem sempre especificado. Para aproveitar a disposição do *web site*, adiantam-se ao declarar as ações previstas como já implementadas. Esse fato coloca em risco as afirmações do pesquisador, obrigando-o, para assegurar a confiabilidade de seu trabalho, a utilizar outros recursos de checagem dos dados. No caso de nossa pesquisa, o telefone e o contato pessoal foram uma das formas de checagem.

Em maio de 2003, iniciamos a primeira etapa da investigação para a escolha da ferramenta que nos auxiliasse na organização dos dados coletados e armazenados para análise posterior.

Numa primeira navegação, identificamos 275 *sites* do Terceiro Setor, tendo por referência de acesso a eles as Associações:

- ABONG — Associação Brasileira de Organizações Não-Governamentais;
- ABED — Associação Brasileira de Educação a Distância;
- UNESCO — Organização das Nações Unidas para Educação, Ciência e Cultura;
- CDI — Comitê para Democratização da Informática;
- GIFE — Grupo de Institutos, Fundações e Empresas.[1]

---

1. O GIFE é a primeira Associação da América do Sul a reunir organizações de origem privada que financiam ou executam projetos sociais, ambientais e culturais de interesse público: Fundação Abrinq, Instituto Itaú Cultural, Instituto Mc Donald's, Basf, Ericsson Telecomunicações, Instituto Ayrton Senna, Pão de Açúcar, C&A, XEROX, Instituto Telemar, entre outros.

Desse universo, cerca de 27 instituições declaram trabalhar com educação a distância. Ou seja menos de 17% do universo visitado entre maio e julho de 2003 diziam utilizar a tecnologia computacional como forma de ensino. Nesse âmbito, e como já dissemos antes, excluímos aquelas que oferecem cursos de informática, muito embora reconheçamos que esse conhecimento contribui na elevação das condições de emprego. No entanto, a especificidade dos cursos de informática altera o fenômeno objeto de nossas análises, qual seja, o potencial de inclusão e de apropriação do uso do ferramental para a aprendizagem, de um curso à distância, utilizando a Internet. Além disso, mesmo o iniciante de um curso de informática fará um outro percurso de aprendizagem e apropriação dos usos do ferramental tecnológico que os de outros cursos, por exemplo, da área da saúde, agricultura ou educação. Por esta razão, nos detivemos nos cursos das áreas de Arte e Cultura, Educação, Religião e Meio Ambiente e os cursos extras, por mais se aproximarem do estudo da aplicação de tecnologias de comunicação e sociabilidade e do seu potencial de inclusão.

Navegação, checagem e organização dos dados

Iniciamos nossa jornada em maio de 2003, numa primeira navegação para identificar o Terceiro Setor e, nele, as Instituições que traziam a educação como uma de suas práticas em nome da integração e inclusão social. Nesta etapa, catalogamos 275 ONGs e classificamos em áreas, segundo a categorização da ABONG: Arte e Cultura; Assistência Social; Agricultura; Comunicação; Desenvolvimento da Economia; Discriminação Racial; DST: Educação e Meio Ambiente. Reorganizamos essas categorias nas áreas: Arte e Cultura; Assistência Social; Extras (que incluem Economia, Saúde, Comunicação, Política e Desenvolvimento), Religião (ONGs com vínculos religiosos) e Meio Ambiente (inclui Agricultura). Todas as áreas trabalham de uma forma ou de outra com Educação. Como vemos na tabela a seguir.

Numa segunda navegação, realizada de julho a setembro de 2003, esse universo delimitado em 27 instituições ganhou mais 4, que desenvolviam projetos educacionais à distância. Nesta ocasião, já foi possível

Área	Trabalham com Educação	Desenvolvem Ensino a Distância
Arte e Cultura	18	2
Educação	76	17
Extras	46	6
Religião	8	0
Meio Ambiente	14	2

verificar a complexidade causada pela mobilidade e desatualização dos dados que ameaçavam a investigação.

Essa mobilidade se revelava com o desaparecimento de instituições, que havíamos classificado como importantes na primeira navegação, para as nossas análises; a retirada ou abandono (pelos gerenciadores dos *sites* nas instituições) de informações colhidas anteriormente e que nos deixou a sensação de fragilidade na pesquisa, entre outros fatores que nos levaram também a retirá-los e acrescentar outros. O que fizemos sempre justificando, registrando a data de primeira identificação do dado, data onde se identificou o seu desaparecimento e a decisão tomada em relação a eles para a pesquisa.

Para evitar ao máximo as inconsistências e não descaracterizar os objetivos da pesquisa, tendo no universo do ciberespaço o nosso campo de investigação, recorremos além da ferramenta *Cogitum Co-Citer*, aos *sites* de busca, como o *Google* e o *Alta Vista*. Ainda como complemento, e para checagem de dados, realizamos contatos telefônicos com coordenadores de escolas da rede pública e privada do estado de São Paulo e com diretores de ONGs, além de um fluxo de comunicação via e-mail mantido durante a fase de coleta de dados.

Nossa análise dos dados sobre o potencial de inclusão das ações propagadas contou ainda com estudos que desenvolvemos junto ao Grupo de Pesquisa de Tecnologia de Apoio ao Ensino da Pontifícia Universidade Católica de Campinas, o GPqTAE, na iniciação científica de acadêmicas de graduação, contribuindo com depoimentos sobre a problemática do

Terceiro Setor presente na rede Internet e a clareza e confiabilidade do que proclamam em nome da educação realizada à distância.

Os dados e as primeiras análises

Do universo constituído de 31 instituições que declaram realizar em suas práticas a educação ou ensino à distância, 25 ofereceram dados consistentes, seja através dos próprios *sites*, *e-mail* ou ainda com entrevista realizada no contato telefônico. As outras 6 instituições apresentaram na fase de coleta, da checagem e análise de dados as mais diversas situações, das quais destacamos:

- O mero desaparecimento do *site* da rede Internet sem deixar nenhuma pista ou contato sobre mudança de endereço ou tempo de ausência. Esse dado nos trouxe várias possibilidades de interpretações, dentre elas a suspeita de que nosso primeiro acesso possa ter levantado dúvidas sobre os desdobramentos de nossa pesquisa;
- Declaração de desconhecimento do Projeto divulgado no *site*, por parte da Instituição, como se os dirigentes não tivessem contato direto com as formas e conteúdos que divulgavam sobre suas práticas no *site*;
- A instituição que declara apenas oferecer o espaço virtual do seu *site* para outras que divulgam suas práticas e pelas quais não poderia responder por desconhecimento. Esse dado nos faz relacionar com as informações sobre a falta de conteúdos próprios da instituição que cria o *site*, declarados em outros momentos da pesquisa pelos responsáveis. Ceder o espaço para outras informações e comunicações, sem acompanhamento ou conhecimento sobre seus objetivos e responsabilidades públicos, nos pareceu não fazer parte das preocupações, daquele que cede o espaço, com a imagem e a confiabilidade. Dado que pode ser explicado pelo fato de o espaço da Internet ser totalmente sem regulação alguma. Ao ser utilizado como campo de pesquisas como a nossa, que retorna, confere e checa os dados coletados no primeiro acesso, essa preocupação pode tomar novas configurações positivas.

Com a explicação anteriormente dada, justificamos a retirada de alguns conteúdos de *sites* pesquisados, após nosso retorno para checagem.

Do universo pesquisado, 81% das instituições ofereceram dados passíveis de checagem e de análises; 19% apresentaram informações inconsistentes para a confiabilidade das análises.

A organização dos dados coletados se deu a partir das categorias *escola, movimentos sociais, empresas* e *outros*, e área de conhecimento envolvida pelas práticas das instituições classificadas em escolas, movimentos sociais, empresas e outros: Centros de Pesquisas, Informática e Computação e Política.

Ao buscar conhecer esse universo, esperava-se que os movimentos sociais e as escolas (campo legítimo de ensino) fossem áreas predominantes. No entanto, os dados revelam-nos que as empresas e outros apresentam percentual significativo. O que nos leva a refletir sobre o envolvimento desse segmento, ocupando os mesmos patamares nas ações sociais. A exemplo do chamado que segue:

Agora não se trata mais de deixar a responsabilidade social nas mãos apenas do governo. Atitude como esta passou a ser postura do passado, pois atualmente a consciência sobre o papel de cada empresa no contexto do País é muito maior. "Há um movimento muito intenso, principalmente nas grandes empresas, sobre a importância do desenvolvimento de um novo modelo de atuação organizacional perante a sociedade. Ele ultrapassa as fronteiras do fornecimento de produtos de boa qualidade", ressalta Ademar Bueno, diretor da Neurônio Consultoria. Mas o que é ser uma empresa socialmente responsável? De acordo com o Instituto Ethos, que já conta com mais de 800 empresas associadas, interessadas em exercerem este papel social, "é ter uma forma de gestão que se define pela relação ética e transparente da empresa com todos os públicos com os quais ela se relaciona e pelo estabelecimento de metas empresariais compatíveis com o desenvolvimento sustentável da sociedade, preservando recursos ambientais e culturais para gerações futuras, respeitando a diversidade e promovendo a redução das desigualdades sociais". A importância do assunto Responsabilidade Social, bem como a inovação no estabelecimento de um novo modelo de abordagem desta questão pelas empresas no País, serão temas do I Seminário Brasil + 10 de Responsabilidade Social. O evento, promovido pela ExGV em parceria com a Neurônio Consultoria, na sede da ExGV, em São Paulo. Para participar, confirme sua presença pelo e-mail: exgv@exgv.com.br ou pelo telefone: (11) 288-5545.

BANCO ALFA
apóia a ExGV   **GV Expediente**

Associação dos Ex-Alunos de Administração de Empresas da Fundação Getúlio Vargas
Av. Paulista, 548 — Cobertura — Cep 01310-00 — São Paulo/SP. Copyright 2003 — ExGV.

Figura 10

O exemplo acima é apenas um dos inúmeros que nos dá mostras, através de ações concretas, da visão empresarial sobre a responsabilidade social, munindo-se de suas condições favoráveis por excelência, para projetar e desenvolver ações repercursoras de mudanças e férteis de elementos de *marketing* social.

Ensino, público-alvo e tecnologias: entre o propagado e o factível

A classificação dos dados da pesquisa identificados pelas práticas do Terceiro Setor em nome da educação e da inclusão resumiu-se aos níveis de ensino que os cursos englobam, ao público que esperam atingir com o serviço oferecido, ao tipo de educação que declaram desenvolver em suas práticas e as tecnologias que utilizam para a educação a distância. Essa classificação conduziu às análises sobre o propagado e o factível.

O nível de ensino fundamental é o que concentra, normalmente, a população desescolarizada e excluída do mercado de trabalho, limitado, quase sempre, ao setor de serviços que faz recrutamentos temporário ou terceirizado dessas pessoas, caracterizando o analfabetismo funcional. A área da saúde concentra um público advindo da extinta função de atendente hospitalar, que se encontra nesta condição e busca concluir o ensino fundamental através de suplência e buscar o ensino médio profissionalizante para engajar-se como auxiliar de enfermagem. Essa realidade, e o que encontramos como oferta de educação no Terceiro Setor, nos levou a comprovar esse quadro e nele o público legítimo.

No entanto, os níveis de ensino atendidos pelas práticas sociais, presentes no universo pesquisado, mostraram a predominância de 32% — classificados como outros, que incluem: formação continuada, cursos profissionalizantes, língua estrangeira e meio ambiente, ao lado de 28% das práticas voltadas para o ensino superior. Esse resultado foge das expectativas de inclusão das pessoas iletradas, excluídas pela falta de escolaridade que se encontram (comumente) situadas no nível de ensino fundamental como já dissemos.

Identificamos ainda um universo de 20% das instituições que declara trabalhar com os dois ou mais níveis: Fundamental, Médio, Superior e Capacitação Complementar. Restando ainda 8% do universo pesquisado que não especifica o nível de ensino o qual busca atingir com sua prática social.

Lembramos que o Terceiro Setor afirma desenvolver suas práticas de ensino à distância, em nome da inserção social, e que os excluídos, pela própria condição cultural e econômica, apresentam uma desvantagem em relação aos mecanismos de informação e comunicação da Internet. O fato de ser o *site* o local onde os serviços são oferecidos, perguntamos: **como as pessoas excluídas, legítimas interessadas nos cursos potenciais da sua inserção ao trabalho e renda própria, vão ficar sabendo da existência deles, se não fazem parte do universo dos que acessam as tecnologias de informação e comunicação utilizadas pela Instituição para divulgá-los?** (grifos nossos). Nossa hipótese inicial era de que os meios de difusão empregados pelas instituições, para divulgar os seus projetos, fossem aqueles de maior acesso às camadas da população, ou seja: rádio, televisão, faixas expostas em locais de grande trânsito das pessoas, impressos afixados em transportes coletivos e lugares de acesso à população etc.

Nossa análise prossegue considerando aqueles que possam ter acessado a oferta de cursos nos *sites* visitando a Internet do local de trabalho ou outra forma. Nestes, as explicações sobre os objetivos e o serviço que o sujeito vai receber como benefício não são suficientemente claros, tornando a comunicação falha pela falta de detalhamentos coerentes com os objetivos da inclusão.

Apesar dessa constatação, os dados da pesquisa nos apontaram a Internet como meio predominante de divulgação de seus serviços ditos de inclusão, 84% divulgam nela. Os demais, minoria, utilizam meios impressos, televisão, publicações, indicações.

Desta forma, pode-se verificar que as práticas que visam à inclusão social e à busca da disseminação do ensino em camadas marginalizadas não são atendidas da forma esperada (nível fundamental), o que demonstra como conseqüência das análises feitas no item Níveis de Ensino, onde há concentração de dados nas colunas do nível superior e complementar.

Mesmo aquelas instituições que não declararam em *site* ou através de contato telefônico, outros meios de divulgação foram categorizadas como somente Internet.

Desse universo, e como já dissemos antes, há uma concentração na oferta de práticas dirigidas aos cursos superiores, que apontam para outra questão paradigmática, ou seja, o excluído socialmente já não é mais aquele sem nenhuma escolaridade, como há vinte anos. O perfil da exclusão mudou e as pessoas de nível superior se encontram entre a população que busca nas práticas sociais alguma forma de compensar sua condição social.

Além disso, apesar de nossa pesquisa identificar uma grande concentração de dados que declaram que as práticas educativas desenvolvidas estão em aberto à população em geral, isso não significa que atinge a todos. Isso nos faz refletir qual a responsabilidade das instituições voltadas para o desenvolvimento de projetos que visam à integração social, assim caracterizados e declarados mesmo sem atingir um universo de perfil coerente e significativo, capaz de caracterizar prática social inclusiva.

Ao recortar dentre os serviços a Educação e, do Terceiro Setor, os que declaram realizar educação a distância em nome da cidadania, verifica-se que poucos utilizam o ambiente virtual, dentro de plataformas tecnológicas específicas que permitam a interatividade e o acompanhamento processual do tutor, professor ou responsável pelo ensino.

Outra verificação deste universo foi a de que muitos *sites* vêm sendo usados somente como áreas para apresentação e divulgação das organizações. Quanto à educação, eles oferecem apenas sugestões de *links* interessantes (sob sua ótica), convites para eventos promovidos, cursos e seminários — geralmente pagos — e outras dicas que remetem o usuário a continuar sua busca ou navegar através das sugestões dadas, dependendo do seu objetivo.

No universo do Terceiro Setor, que declara realizar educação pela Internet, identifica-se uma carência de projetos voltados à educação *online*, em contraste com a diversidade das ofertas presentes também na rede, promovidas por empresas privadas, seja em forma de cursos (pagos), enciclopédias ou bibliotecas virtuais.

Os cursos à distância, quando oferecidos pelas ONGs, seguem os padrões antigos, adotando materiais como apostilas remetidas via Correios, utilizando assim a Internet apenas para envio de *e-mails*. Todos os recursos da Rede são ignorados, perdendo-se as vantagens da interatividade na educação a distância neste modelo, em relação ao tradicional já apresentado.

Dentre os *sites* de ONGs que trabalham a educação propriamente dita, destacamos o *Kidlink*, por se tratar de uma organização sem fins lucrativos, fundada na Noruega em 25 de maio de 1995, e que tem por objetivos: envolver crianças do mundo todo em um diálogo global, que permita criar um círculo de amizades; enriquecer o currículo escolar; proporcionar contato amigável com a tecnologia e trocar informações entre culturas. Desde seu início, aproximadamente 175.000 crianças de 135 países já participaram. O trabalho é apoiado por 77 listas de correio eletrônico para conferências, uma rede privada para Real-Time Interactions (como *chats*), um *site* de mostra de arte *on-line* e voluntários do mundo todo. A maior parte dos voluntários são professores e pais.

No Brasil, o KIDCAFÉ-ESCOLA é a sala de aula Kidlink na Internet, onde alunos e professores são fomentados a buscar novos conhecimentos, a investigar e a interagir com outras escolas do Brasil e de outros países, formando uma grande comunidade acadêmica. As escolas podem participar dos projetos temáticos, bem como lançar sugestões para o desenvolvimento de novos projetos. Dentre as participantes destacamos: Escola Municipal Professora Leila Mehl Menezes de Mattos — Rio de Janeiro-RJ-Brasil; Escola de Elvas — Elvas-Portugal; Instituição de Ensino Latino-Americano — Campo Grande-MS-Brasil; Colégio Santo Estevam — São Paulo-SP-Brasil; Colégio Hélio Alonso — Rio de Janeiro-RJ-Brasil; Patronato Santo Antônio — Cuiabá-MT-Brasil; Colégio Vita et Pax II — São Paulo-SP-Brasil; Pueri Domus — São Paulo-SP-Brasil, e Organização Einstein de Ensino — Limeira-SP-Brasil.

Em contato via telefone[2] com coordenadores de diversas escolas públicas do estado de São Paulo, inscritas no *site* do *Kidlink* como partici-

---

2. O contato telefônico visava conferir dados e muitas vezes possibilitava, por meio de conversa informal, obter dados extra-oficiais sobre os *sites* e seus responsáveis. Esse contato foi realizado em dezembro de 2003.

pantes do projeto, foi constatado que algumas escolas desconhecem o projeto e declaram jamais terem recebido visitas de representantes da instituição; outras receberam visitas, mas o projeto jamais foi implantado. Algumas escolas tiveram o projeto implantado, mas não receberam treinamento e os trabalhos nem chegaram a se iniciar. Outras receberam treinamento, mas não tiveram acompanhamento e abandonaram os trabalhos.

Registrou-se também escolas que tiveram o projeto implantado, receberam treinamento, tiveram acompanhamento, deram início aos trabalhos, mas perderam o incentivo ao perceberem que o projeto estava estagnado.

Apesar de ser um projeto interessante e inclusivo, segundo Marisa Lucena, Coordenadora do projeto no Brasil, está realmente estagnado por falta de "animadores" — voluntários — dispostos a dar continuidade. Além disso, em 1995, quando o *Kidlink* chegou ao Brasil, a Internet ainda não oferecia a infinidade de informações aos usuários que oferece hoje. Assim, os professores e pesquisadores deixaram de se envolver, direcionando suas pesquisas a outras áreas, o que, para ela, é uma perda inestimável, já que tantas crianças de escolas públicas poderiam desfrutar dos benefícios que, até hoje, somente escolas particulares oferecem.

Conclusões

Nossa pesquisa pôde verificar, no período entre março de 2003 e março de 2004, no espaço virtual da Internet, no Brasil, a presença do Terceiro Setor e o uso que faz das tecnologias de comunicação e sociabilidade, presentes no ciberespaço, para realizar seus objetivos de inclusão e promoção da cidadania.

A questão da comunicação da informação salta como problema que agrava a inclusão social contrariamente ao que se pretende com o acesso a localidades distantes e população impedida dos benefícios dos centros urbanos e suas ofertas de formação continuada.

Ao relacionar as idéias de Honneth sobre a luta por reconhecimento como ação que antecede a cidadania às práticas do Terceiro Setor em seu ideal de inclusão e elevação da autonomia social, associamos a comunicação que dificulta ou impede a apropriação de saberes necessários para a alfabetização digital, substantivo da leitura na atual sociedade e dispositivos de aprendizagens existentes no ciberespaço.

Se o Terceiro Setor é o que se ocupa das questões sociais, caberia a ele, principalmente, não somente a ele, responder à exclusão, com uma educação a distância contextualizada na revolução digital, promovendo o percurso individualizado numa experiência pedagógica compatível com o mundo em movimento.

Nossa expectativa inicial era de identificar ações voltadas para a alfabetização continuada, atendendo ao público dos cursos supletivos, inseridos nos locais distantes de centros comerciais e educacionais, no dilema da população excluída de informações, potenciais de novas habilidades e saberes que auxiliem na transformação de sua condição dependente para a cidadã. Ao contrário, identificamos práticas também de cunho cidadão, porém para um nível superior que não inclui a escolarização fundamental.

Esse dado nos leva a refletir sobre a limitação não das tecnologias para atender ao público de baixa ou nenhuma escolaridade, objetivando sua inserção aos benefícios do ferramental existente, mas daqueles que fazem uso dela. Aqueles que não reconhecem o uso pedagógico que as potencializam. Isso reforça o problema dos distanciamentos ampliados pelos domínios de tecnologia informacional entre as classes sociais pelo uso que se faz dela, muito mais do que pelo acesso de quem as domina.

Inclusão social na atual sociedade implica leitura crítica e letramento digital, dando novas perspectivas à educação libertadora de Paulo Freire. O desconhecimento dos dispositivos que gerenciam a comunicação na vida cotidiana mantém as dependências culturais, sociais e econômicas. O não-domínio dos saberes para utilizar as tecnologias em benefício pessoal e comunitário é a forma de opressão e de dominação na sociedade informatizada.

Se estivesse entre nós o grande pensador da educação banido pela ditadura militar por seu projeto de educação libertadora, porque conscientizadora, Paulo Freire certamente estaria fazendo crítica não mais às cartilhas de alfabetização reducionistas do cabedal cultural da população, mas da ênfase que deve ser dada ao princípio de que todos têm direito humano básico à comunicação da informação e que esta deve ser democrática e libertadora.

A perspectiva de uma comunicação democrática dos saberes tecnológicos projetadas na Educação a distância deve ser perseguida como objeto de estudo das ciências cognitivas, das ciências da informação, da informática, das didáticas das ciências exatas e da sociologia da educação como uma alavanca para a inovação pedagógica, num abandono das práticas tradicionais onde o conhecimento era guardado sob domínio do professor e nas torres de marfim das academias.

Pertencemos a uma geração em fase de descoberta e de aprendizagens sobre o potencial das modernas tecnologias, seu uso e aplicação, nos intimidando diante da complexidade técnica e das perspectivas que trazem ao nosso cotidiano de relações e de trabalho. Vivemos ainda sob a pressão de tecnólogos e informáticos que detêm um domínio para além do simples uso, nos colocando em uma situação de dependência, reduzindo, aparentemente, nosso potencial de aplicação bem-sucedida, em nossa área de conhecimento.

Somos a geração do meio, entre o ciclo da inovação, da informação e reflexão científica das transformações sociais, e a geração dos viajantes exploradores virtuais que se integram e interagem numa cibercultura distante das ficções científicas mais arrojadas do passado, século XX.

Os dirigentes do Terceiro Setor no Brasil, quando brasileiros, pertencem a essa geração do meio. É preciso considerar esse dado em nossas análises. As ONGs, dentro de sua especificidade de organização social, necessitam estar presentes no ciberespaço para declarar as ações que realizam, atrair voluntários, adesões, patrocínios etc. O universo *on-line* da Internet, na atual sociedade informatizada, é o espaço cada vez mais privilegiado da comunicação. A questão está na credibilidade que essa comunicação consegue diante das exigências de atualização e gestão da informação.

Visitando *site*(s) e entrevistando várias instituições, deparamo-nos com as ações declaradas como realizações efetivas junto a uma certa população, e que na realidade não existiam. Comparamos essa situação com uma vitrine que exibe produtos em caixas vazias. Não basta a intenção de querer que seu conteúdo seja real, mas que esteja de fato disponível. Tenha credibilidade e valor social.

Essa nossa pesquisa serviu para alertar as instituições sobre esse tipo de problema. No contato telefônico com responsáveis pelos projetos constatamos a perplexidade diante de nossa explicação sobre nosso olhar constante sobre os dados contidos, muitas vezes, esquecidos no *site* da instituição. Não se pode mais tolerar as explicações que obtivemos:[3]

"Era nossa intenção mas faltou verba"; "Perdemos o responsável pela administração do *site* que ficou defasado"; "É assim que sabemos fazer"; "Faltam voluntários para que a ação se concretize — estamos aprendendo", entre outras que já foram exploradas neste capítulo.

Concluímos ainda que as conseqüências das ações proclamadas, e não factíveis, pelo Terceiro Setor, colocam em risco a confiabilidade da pesquisa na Internet, reduzindo a importância da fonte digital, desvalorizando o potencial da tecnologia de informação e comunicação para o desenvolvimento e atualização de bancos de dados relevantes para as Ciências Sociais e a Educação. Além de reforçar as avaliações negativas do emprego de tecnologia no ensino ou na pesquisa. Ameaça também a credibilidade da própria instituição e do que informa como ações concretas de seu projeto social.

É preciso que esse universo atinja níveis de confiabilidade já existentes em alguns segmentos do Estado e da própria sociedade capitalista em seus mecanismos de controle das exacerbações. Por sua vez a existência do novo paradigma educacional emergente deve incluir práticas que contemplem o reconhecimento social para a conquista do letramento digital conectado à cidadania e organização política emancipadoras da Nação brasileira.

Situação presente nas lojas do mercado informal ameaçado de investigação policial pela sonegação de impostos. Manter nas prateleiras o produto significa correr o risco de perder tudo nas ações dos fiscais. Essa si-

---

3. Depoimentos de representantes de instituições, justificando nossas perguntas sobre o propagado e o factível em seus *sites*.

tuação leva os lojistas informais a manter as embalagens dos produtos para mostrar ao comprador que, em caso de venda, providencia-se em minutos o produto trazido de outros depósitos.

Muitos *sites* que visitamos apresentava suas práticas feito embalagens vazias. Ao perguntar sobre seus conteúdos, a explicação vinha como desculpas pela dificuldade de atualização dos dados ou falta de experiência para usar o ambiente virtual.

Em nossos contatos refletimos com as instituições que apresentaram essa dificuldade, destacando a gravidade que representa a propagação de algo não factível, sobretudo por se tratar de práticas sociais.

Referências bibliográficas

ADAMS, J. *Jefferson Letters*. L. J. Cappon, ed. Oxford, 1959. In: ARENDT, H. *Da Revolução*. São Paulo: Ática, 1988.

ALAVA e Colaboradores. *Ciberespaço e formações abertas. Rumo a novas práticas educacionais?* Porto Alegre: Artmed, 2002.

ALTET, M.; PERRENOUD, F. e PAQUAY, L. *A profissionalização dos formadores de professores*. São Paulo: ArtMed, 2003.

ALVES, R. e BRANDÃO, C. R. *O educador vida e morte*. Rio de Janeiro: Graal, 1985.

APPLE, M. *Política cultural e educação*. São Paulo: Cortez, 2002.

_____. "A Política do Conhecimento Oficial: faz sentido a idéia de um currículo nacional?" In: SILVA, T. T. (org.). *Currículo, cultura e sociedade*. São Paulo: Cortez, 2002.

ARROYO, M. "Processo de Trabalho e Processo de Conhecimento". In: *Trabalho e conhecimento: Dilemas da educação*. São Paulo: Cortez Editora, 1989.

BENJAMIN, W. "Charles Baudelaire — um lírico no auge no capitalismo. Modernidade". In: *Obras Escolhidas*, v. III, São Paulo: Brasiliense, 1994.

_____. (1975) In: SANTAELLA, L. *Navegar no ciberespaço. O perfil cognitivo do leitor imersivo*. São Paulo: Paulus, 2004.

BERMAN, M. *Tudo o que é sólido desmancha no ar. A aventura da modernidade*. São Paulo: Companhia das Letras, 1987.

BERNSTEIN, B. B. "A Critique of de concept of 'Compensatory Education'". In: WEDDERBUN, D. (org.). *Poverty, inequality and class structure*. Cambridge: Cambridge University Press, 1974.

BIERNATZKI, S. J. *Desafios da comunicação global. Communication Research Trends*, Centro de Estudos de Comunicação e Cultura. Universidade Saint Louis, EUA. In: *Comunicação & Educação*. São Paulo, ano VII, n. 20, jan./abr. 2001.

BRANDÃO, C. R. *Lutar com a palavra. Biblioteca de educação*. Rio de Janeiro: Graal, 1982.

_____ (org.). *O educador vida e morte, escritos sobre uma espécie de perigo*. Rio de Janeiro: Graal, 1985.

BUFFA, E.; ARROYO, M. e NOSELLA, P. *Educação e cidadania: quem educa o cidadão?* São Paulo: Autores Associados/Cortez, 1988.

CASTANHO, M. E. L. M. e CASTANHO, S. (org.). *O que há de novo no ensino superior — Do projeto pedagógico à prática transformadora*. Campinas: Papirus, 2000.

CASTELL, R. *As metamorfoses da questão social. Uma crônica do salário*. Petrópolis: Vozes, 1995.

CHAVES, E. O. C. *Tecnologias e educação: o futuro da escola na sociedade da informação*. Campinas: Ed. Midware, 1998.

COLOMBO, L. A. B. *O projeto Comenius: um paradigma para o ciberespaço: A Criação de um novo espaço do saber com a tecnologia*. Dissertação de Mestrado. São Paulo: Mackenzie, 2002.

CONNELL, R. W. *Pobreza e educação*. In: GENTILI, P. (org.). *Pedagogia da exclusão. Crítica ao neoliberalismo em educação*. Rio de Janeiro: Vozes, 1995.

DEMO, P. *Desafios modernos da educação*. Rio de Janeiro: Vozes, 1993.

FERNANDEZ, R. C. *O privado porém público. O Terceiro Setor na América Latina. CIVICUS. Aliança para a participação dos cidadãos*. Rio de Janeiro: Relume Dumará, 1994.

FREIRE, P. *Professora Sim, Tia Não, Cartas a quem ousa ensinar*. São Paulo: Olho Dágua, 1994.

FRIGOTTO, G. *Os delírios da Razão: Crise do capital e metamorfose conceitual*. Petrópolis: Vozes, 1995.

GOHN, M. G. *Mídia, Terceiro Setor e MST, impactos sobre o futuro das cidades e do campo*. Petrópolis: Vozes, 2000.

_____. *Movimentos sociais e educação*. São Paulo: Cortez, 1992.

_____. *Educação não-formal e cultura política*. São Paulo: Cortez, 1999.

HABERMAS, J. *Conhecimento e interesse*. Rio de Janeiro: Guanabara, 1987.

HEGEL, G. W. F. "Ezyklopädie der philosophischen Wissenchaften III", in *Werke* in 20. Frankfurt: Bänden, v. 10, 1970.

HONNETH, A. *Luta por reconhecimento. A gramática moral dos conflitos sociais.* São Paulo: Editora 34, 2003.

JOHNSON, S. *Interface culture.* New York: Harper Collins, 1997.

HABERMAS, J. *Conhecimento e interesse.* Rio de Janeiro: Guanabara, 1987.

KEHL, R. "O Fetichismo". In: *7 Pecados do Capital.* São Paulo/Rio de Janeiro: Record, 2000.

LASZLO. e MORAES, M. C. *Educação a distância — Fundamentos e práticas.* NIED, Núcleo de Informática Aplicada à Educação, Campinas: Unicamp, 2002.

LÉVY, P. *Cibercultura.* São Paulo: Editora 34, 2000.

MANSELL, R. In: BIERNATZKI, S. J. "Desafios da Comunicação Global. Communication Research Trends, Centro de Estudos de Comunicação e Cultura". Universidade Saint Louis, EUA. In: *Comunicação & Educação.* São Paulo, ano VII, n. 20, jan./abr. 2001.

MORAES, M. C. *O paradigma educacional emergente.* Campinas: Editora Papirus, 2001.

_____. (org.). *Educação a distância — Fundamentos e práticas.* OEA, SEED/MEC e Campinas: Unicamp, 2002.

MORAN, J. M.; MASSETTO, M. T. e BEHERENS, M. A. *Novas tecnologias e mediação pedagógica.* Campinas: Papirus, 2003.

MORIN, E. *Saberes necessários à educação do futuro.* São Paulo: Cortez, 2000.

_____. *O Método 3. O conhecimento do conhecimento.* Porto Alegre: Ed. Sulina, 1999.

NEGROPONTE, N. *Vida digital.* São Paulo: Companhia das Letras, 1995.

PAQUAY, L.; PERRENOUD, F. e ALTET, M. *A profissionalização dos formadores de professores.* Porto Alegre: Artmed, 2003.

PERRIAULT, J. (1989). In: ALAVA, S. *Ciberespaço e formações abertas.* Porto Alegre: Artmed, 2002.

PERAYA, D. "O Ciberespaço: Um dispositivo de comunicação e de formação midiatizada". In: ALAVA, S. *Ciberespaço e formações abertas.* Porto Alegre: Artmed, 2002.

RAMAL, A. C. *Educação na cibercultura, hipertextualidade, leitura, escrita e aprendizagem.* Porto Alegre: Artmed, 2002.

SANTAELLA, L. *Navegar no ciberespaço. O perfil cognitivo do leitor imersivo*. São Paulo: Paulus, 2004.

SARAIVA, K. "A Babel eletrônica — hospitalidade e tradução no ciberespaço". In: *Derrida e educação*. Belo Horizonte: Autêntica, 2005.

SARAMAGO, J. *A caverna*. São Paulo: Companhia das Letras, 2000.

SCHAF, A. *História e verdade*. São Paulo: Martins Fontes, 1986.

SILVA, M. *Sala de aula interativa*. Rio de Janeiro: Quartet, 2000.

SILVA, T. T. *Documentos de identidade: Uma introdução às teorias do currículo*. Belo Horizonte: Autêntica, 1999.

SILVA, T. T. e MOREIRA, A. F. *Currículo, cultura e sociedade*. São Paulo: Cortez, 2002.

SMITH, D. A. "Para uma cultura global?". In: FEATHERSTONE, M. *Cultura global, nacionalismo, globalização e modernidade*. Petrópolis: Vozes, 1994.

SOARES, S. G. *Políticas públicas, qualificação e requalificação profissional e a educação do trabalhador no final da década de 90 no Brasil: Empregabilidade ou inserção social?* Tese de Doutorado. UNICAMP, Campinas, 1998.

_____. *Arquitetura da identidade. Sobre educação, ensino e aprendizagem*. São Paulo: Cortez, 2001.

_____. *Educação e integração social*. Campinas: Alínea, 2003.

TARDIF, M. e LESSARD, C. *O trabalho docente — Elementos para uma teoria da docência como profissão e interações humanas*. Petrópolis: Vozes, 2005.

THOMPSON, J. B. *A mídia e a modernidade: Uma teoria social da mídia*. Petrópolis: Vozes, 2002.

VALENTE, J. A. (org.). *O computador na sociedade do conhecimento*. NIED, Núcleo de Informática Aplicada à Educação. Campinas: Unicamp, 2002.

VALENTE, J. e PRADO, E. "A educação à distância possibilitando a formação do Professor com base no ciclo da prática pedagógica". In: MORAES, M. C. *Educação a distância: Fundamentos e práticas*. Campinas: OEA, SEED/MEC, UNICAMP, 2002.

As fontes abaixo foram checadas em agosto de 2004.

www.abed.org.br
www.rits.org.br
nied@unicamp.br

http://www.nied.unicamp.br
www.kidlink.org/portuguese
www.terceirosetor.adm.br
www.puc-campinas.edu.br
www.mec.org.br
http://www.educarede.org.br/educa/quem_somos/index.cfm
http://www.institutorazaosocial.org.br/projetos.htm
http://www.aed.org.br/sobre_aed/index.php
http://www.escoladeescritores.org.br/virtual.htm
http://www.ibase.org.br/pubibase/cgi/cgilua.exe/sys/start.htm?sid=94
http://www.sitescola.com.br/index.asp
http://www.abt-br.org.br/modules.php?name=Content&pa=showpage&pid=3
http://www.iped.com.br/?area=iped
http://www.academos.com.br/med-010.html
http://www.unesco.org.br/noticias/releases/universidade_corporativa.asp
http://www.itaucultural.org.br/brasil_brasis/apresentacao00.htm
http://www.itaucultural.com.br/index.cfm?cd_pagina=2017
http://www.fundar.org.br/fundar_educa.htm
http://www.iqe.org.br/institucional/institucional.htm
http://www.cdi.org.br/inst/port/missao.htm
http://www.labor.org.br/l_historia.htm
http://www.vanzolini-ead.org.br/home.htm
http://www.fpa.org.br/fpa/objetivos.htm
http://www.abed.org.br/publique/cgi/cgilua.exe/sys/start.htm?infoid=1&sid=3
http://www.unirede.br/cursos/andamento/20020714_01.htm
http://www.paulofreire.org/ead.htm
http://www.cenpec.org.br/apresent.htm

GRÁFICA PAYM
Tel. (011) 4392-3344
paym@terra.com.br